网页设计与制作

主　编　吕　菲　张春胜　郝英丽
副主编　王宏春　梁　梁　葛长利
参　编　赵　粲　田　红　王靖文
　　　　　宋　焱　张甘雨

北京理工大学出版社
BEIJING INSTITUTE OF TECHNOLOGY PRESS

内 容 简 介

本教材主要讲解了网页制作所需要具备的基础知识,主要内容包括基本概念的理解、网页素材所需要的软件及使用、网页制作的环境设置、网页制作的基本流程及方法。在编写中采用任务驱动法对知识点进行分割讲解,更易于读者学习。

本教材可以对网页设计与制作的学习起到启发、引领的作用,主要适合于中等职业学校计算机专业、数字媒体专业的学生使用,也适合从事网页设计与制作的初学者使用。

版权专有　侵权必究

图书在版编目（CIP）数据

网页设计与制作 / 吕菲,张春胜,郝英丽主编. —北京：北京理工大学出版社,2020.1（2022.1重印）

ISBN 978-7-5682-7638-2

Ⅰ. ①网… Ⅱ. ①吕… ②张… ③郝… Ⅲ. ①网页制作工具 – 教材 Ⅳ. ①TP393.092.2

中国版本图书馆 CIP 数据核字（2019）第 220556 号

出版发行 / 北京理工大学出版社有限责任公司	
社　　址 / 北京市海淀区中关村南大街 5 号	
邮　　编 / 100081	
电　　话 /（010）68914775（总编室）	
（010）82562903（教材售后服务热线）	
（010）68944723（其他图书服务热线）	
网　　址 / http：//www.bitpress.com.cn	
经　　销 / 全国各地新华书店	
印　　刷 / 北京九州迅驰传媒文化有限公司	
开　　本 / 787 毫米 × 1092 毫米　1/16	
印　　张 / 10.5	责任编辑 / 陈莉华
字　　数 / 204 千字	文案编辑 / 陈莉华
版　　次 / 2020 年 1 月第 1 版　2022 年 1 月第 2 次印刷	责任校对 / 周瑞红
定　　价 / 34.00 元	责任印制 / 李志强

图书出现印装质量问题,请拨打售后服务热线,本社负责调换

随着互联网络在人们日常生活中的普及，"网页设计与制作"课程便成为计算机专业及数字媒体技术专业的核心课程之一。同样，该课程也是长春职业技术学校省级重点专业数字媒体技术的专业核心课程之一。由于现有教材不能满足中等职业技术学校的教学需求，在长春尚道科技有限公司的技术支持下，课程组全体成员编写了这本教材。

本教材主要讲解了网页设计与制作所需具备的基础知识。特点是采用以任务引领为核心的编写方式，通过任务完成整体过程，将知识点贯穿于每个任务之中，并辅以大量的详细图解，使整个学习过程更生动、丰富。

本教材在编写、出版过程中得到了长春职业技术学校校领导和长春尚道科技有限公司的大力支持，王晓杰、丛路卫参与了校正工作，在此向长春尚道科技有限公司及其他支持我们工作的全体人员表示感谢。本教材适用于网页设计与制作的初级读者，也适用于从事网页设计与制作的专业人士。本教材中提供了尽可能详尽的操作步骤和图示，可以使读者毫无困难地学习任何实例。

本教材在编写过程中集众家所长，有企业提供的案例分享，有编者整理的知识梳理，也有互联网优秀思想作品的借鉴。在编写期间也受到校方领导的大力支持，在此一并表示感谢！

由于作者的编写水平有限，书中难免存在错误和不妥之处，敬请广大读者批评指正。

编　者

目录 Contents

▶ 学习情境一　网站的管理与创建　…………………………………………………　1

　　任务一　网页制作的相关概念　………………………………………………　2
　　任务二　Dreamweaver 开发工具介绍　………………………………………　11
　　任务三　创建与管理网站站点　………………………………………………　17

▶ 学习情境二　网页效果图的设计与制作　…………………………………………　22

　　任务　　网页效果图的设计与制作　…………………………………………　28

▶ 学习情境三　网页素材设计与制作　………………………………………………　47

　　任务一　提取图片元素　………………………………………………………　48
　　任务二　网站 Logo 设计与制作　……………………………………………　53
　　任务三　GIF 动画设计与制作　………………………………………………　61
　　任务四　GIF 动画设计与制作——信息更新　………………………………　68
　　任务五　Flash 动画设计与制作一　…………………………………………　71
　　任务六　Flash 动画设计与制作二　…………………………………………　80
　　任务七　Flash 动画设计与制作三　…………………………………………　85
　　任务八　网页特效的制作——焦点图　………………………………………　97
　　任务九　网页特效的制作——轮播效果　……………………………………　114

▶ 学习情境四　网站页面的设计与制作　……………………………………………　129

　　任务一　HTML 基本结构标签　………………………………………………　130
　　任务二　CSS 常用语法规则　…………………………………………………　136
　　任务三　DIV + CSS 布局　……………………………………………………　147
　　任务四　创建二级页面模板　…………………………………………………　159

▶ 参考文献　……………………………………………………………………………　162

学习情境一

网站的管理与创建

任务一 网页制作的相关概念

【知识目标】

(1) 了解并掌握网页制作的相关概念。

(2) 了解网页元素的种类。

【能力目标】

培养学生自主学习理论知识的能力。

【任务实施】

1.1 网页制作相关概念

1. WWW 简介

万维网（World Wide Web，亦称 Web、WWW、W3）是一个由许多互相链接的超文本组成的系统，通过互联网进行访问。在这个系统中，每个有用的事物均称为"资源"；并且由一个全局"统一资源标识符"（Uniform Resource Identifiers，URI）标识；这些资源通过超文本传输协议（Hyper Text Transfer Protocol，HTTP）传送给用户，而后者通过单击链接来获得资源。万维网联盟（World Wide Web Consortium），简称 W3C，又称 W3C 理事会，于 1994 年 10 月在麻省理工学院（MIT）计算机科学实验室成立。万维网联盟的创建者是万维网的发明人蒂姆•伯纳斯•李。

万维网的核心部分是由以下 3 个标准构成的。

(1) 统一资源标识符，这是一个统一的为资源定位的系统。

(2) 超文本传输协议，它负责规定客户端和服务器怎样互相交流。

(3) 超文本标记语言，作用是定义超文本文档的结构和格式。

2. 网页

网页是构成网站的基本元素，是承载各种网站应用的平台。通俗地说，你的网站就是由网页组成的，如果你只有域名和虚拟主机而没有制作任何网页，你的客户仍旧无法访问你的网站。

网页是一个文件，它可以存放在世界某个角落的某台计算机中，是万维网中的一"页"，是超文本标记语言格式（标准通用标记语言的一个应用，文件扩展名为 .html 或 .htm）。网页通常用图像文档来提供图画，要通过网页浏览器来阅读。

3. 网站

因特网起源于美国国防部高级研究计划管理局建立的阿帕网。网站（Website）开始是指在因特网上根据一定的规则，使用 HTML（标准通用标记语言下的一个应用）等工具制作的用于展示特定内容相关网页的集合。简单地说，网站是一种沟通工具，人们可以通过网站来发布自己想要公开的资讯，或者利用网站来提供相关的网络服务。人们可以通过网页浏览器来访问网站，获取自己需要的资讯或者享受网络服务。衡量一个网站的性能通常是从网站空间大小、网站位置、网站连接速度（俗称"网速"）、网站软件配置、网站提供服务等几方面考虑，最直接的衡量标准是网站的真实流量。

4. 静态网页与动态网页

1）静态网页

静态网页也称为普通网页，是相对动态网页而言的。静态网页不是指网页中的元素都是静止不动的，而是指网页文件中没有程序代码，只有 HTML（HyperText Markup Language，超文本标记语言）标记，一般后缀名为 .htm、.html、.shtml 或 .xml 等。在静态网页中，可以包括 GIF 动画，鼠标经过 Flash 按钮时，按钮可能会发生变化。

对于静态网页，用户可以直接双击打开，看到的效果与访问服务器是相同的，即服务器参加与否对页面的内容是不会有影响的。这是因为在用户访问该网页之前，网页的内容就已经确定了，无论用户何时、以怎样的方式访问，网页的内容都不会再改变。

静态网页的工作流程可以分为以下 4 个步骤。

（1）编写一个静态文件，并在 Web 服务器上发布。

（2）用户在浏览器的地址栏中输入该静态网页的 URL（Uniform Resource Locator，统一资源定位符）并按 Enter 键，浏览器发送请求到 Web 服务器。

（3）Web 服务器找到此静态文件的位置，并将它转换为 HTML 流传送到用户的浏览器。

（4）浏览器收到 HTML 流后显示此网页的内容。

在步骤（2）~（4）中，静态网页的内容不会发生任何变化。其工作原理如图 1-1 所示。

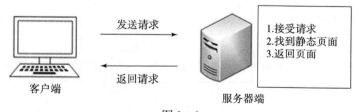

图 1-1

2）动态网页

动态网页是指在网页文件中除了 HTML 标记外，还包括一些实现特定功能的程序代码，这些程序代码使得浏览器与服务器之间可以进行交互，即服务器端可以根据客户端的不同请求动态产生网页内容。动态网页的后缀名通常根据所用的程序设计语言的不同而不同，一般为 .asp、.aspx、cgi、.php、.perl、.jsp 等。动态网页可以根据不同的时间、不同的浏览者显示不同的信息。常见的留言板、论坛、聊天室都是用动态网页实现的。

动态网页相对复杂,不能直接双击打开。动态网页的工作流程分为以下 4 个步骤。

(1) 编写动态网页文件,其中包括程序代码,并在 Web 服务器上发布。

(2) 用户在浏览器的地址栏中输入该动态网页的 URL 并按 Enter 键,浏览器发送访问请求到 Web 服务器。

(3) Web 服务器找到此动态网页的位置,并根据其中的程序代码动态建立 HTML 流传送到用户浏览器。

(4) 浏览器接收到 HTML 流后显示此网页的内容。

从整个工作流可以看出,用户浏览动态网页时,需要在服务器上动态执行该网页文件,将含有程序代码的动态网页转化为标准的静态网页,最后把静态网页发送给用户。其工作原理如图 1-2 所示。

图 1-2

5. HTML 语言

HTML 是 WWW 的描述语言。制作的网页以 . html 或 . htm 为扩展名,它支持丰富的样式表、脚本、框架、表格和表单等多种网页元素,可以嵌入 JavaScript 语言等。

6. URL

在 WWW 上,每一信息资源都有统一的且在网上唯一的地址,该地址就叫 URL,它是 WWW 的统一资源定位标志,就是指网络地址。URL 由三部分组成,即资源类型、存放资源的主机域名、资源文件名。在浏览器的地址栏里输入网页的 URL,就可以访问这个网页了。例如,输入网址 http://www.sina.com.cn/index.html 时,就是采用 HTTP(协议)访问新浪网的首页。

7. IP 地址

IP(Internet Protocol,网络之间互联的协议)也就是为计算机网络相互连接进行通信而设计的协议。在因特网中,它是能使连接到网上的所有计算机网络实现相互通信的一套规则,规定了计算机在因特网上进行通信时应当遵守的规则。任何厂家生产的计算机系统,只要遵守 IP 协议就可以与因特网互联互通。正是因为有了 IP 协议,因特网才得以迅速发展成为世界上最大的、开放的计算机通信网络。因此,IP 协议也可以叫作"因特网协议"。

IP 地址被用来给 Internet 上的计算机一个编号。大家日常见到的情况是每台联网的 PC 上都需要有 IP 地址,才能正常通信。可以把 PC 比作"一台电话机",那么"IP 地址"就相当于"电话号码",而 Internet 中的路由器,就相当于电信局的"程控式交换机"。

IP 地址是一个 32 位的二进制数，通常被分割为 4 个 "8 位二进制数"（也就是 4 个字节）。IP 地址通常用 "点分十进制" 表示成（a.b.c.d）的形式，其中 a、b、c、d 是 0～255 之间的十进制整数。例如，点分十进制 IP 地址（100.4.5.6），实际上是 32 位二进制数（01100100.00000100.00000101.00000110）。

8. 域名

域名（Domain Name），也简称网域，是由一串用点分隔的名字组成的 Internet 上某台计算机或计算机组的名称，用于在数据传输时标识计算机的电子方位（有时也指地理位置）。

网域名称系统（Domain Name System，DNS，有时也简称为域名）是因特网的一项核心服务，它作为可以将域名和 IP 地址相互映射的一个分布式数据库，能够使人更方便地访问互联网，而不用去记住能够被机器直接读取的 IP 地址数串。

例如，www.wikipedia.org 是一个域名，和 IP 地址 208.80.152.2 相对应。DNS 就像一个自动的电话号码簿，可以直接拨打 wikipedia 的名字来代替电话号码（IP 地址）。直接调用网站的名字后，DNS 就会将便于人类使用的名字（如 www.wikipedia.org）转化成便于机器识别的 IP 地址（如 208.80.152.2）。

1.2 网页构成的基本元素

网页由文本、图像、动画、超级链接等基本元素构成，本节将对这些基本元素进行简单介绍，为后面各章中运用这些元素制作网页奠定基础。

1. 文本

一般情况下，网页中最多的内容是文本，可以根据需要对其字体、大小、颜色、底纹、边框等属性进行设置。建议用于网页正文的文字一般不要太大，也不要使用过多的字体，中文文字一般可使用宋体，大小为 9 磅或 12 像素左右即可。

2. 图像

丰富多彩的图像是美化网页必不可少的元素，用于网页上的图像一般为 JPG 格式和 GIF 格式。网页中的图像主要用于点缀标题的小图片、介绍性的图片以及代表企业形象或栏目内容的标志性图片，用于宣传广告等多种形式。

3. 超级链接

超级链接是 Web 网页的主要特色，是指从一个网页指向另一个目的端的链接。这个 "目的端" 通常是另一个网页，也可以是下列情况之一：相同网页上的不同位置、一个下载的文件、一幅图片、一个 E-mail 地址等。超级链接可以是文本、按钮或图片，鼠标指针指向超级链接位置时会变成小手形状。

4. 导航栏

导航栏是一组超级链接，用来方便地浏览站点。导航栏一般由多个按钮或者多个文本超级链接组成。

5. 动画

动画是网页中最活跃的元素，创意出众、制作精致的动画是吸引浏览者眼球的最有效方法之一。但是如果网页动画太多，也会物极必反，使人眼花缭乱，进而产生视觉疲劳。

6. 表格

表格是 HTML 语言中的一种元素，主要用于网页内容的布局，组织整个网页的外观，通过表格可以精确地控制各网页元素在网页中的位置。

7. 框架

框架是网页的一种组织形式，将相互关联的多个网页内容组织在一个浏览器窗口中显示。例如，在一个框架内放置导航栏，另一个框架中的内容可以随单击导航栏中的链接而改变。

8. 表单

表单是用来收集访问者信息或实现一些交互作用的网页，浏览者填写表单的方式是输入文本、选中单选按钮或复选框、从下拉菜单中选择选项等。

网页中除了上述这些最基本的构成元素外，还包括横幅广告、字幕、悬停按钮、日戳、计算器、音频、视频、Java Applet 等元素。

1.3 网页的布局类型

网页布局是网页设计中最重要的一环，主要指网站主页的版面布局，其他网页应该与主页风格基本一致。为了达到更好的视觉效果，应考虑布局的合理性，版面布局是整个页面制作的关键。

常见的网页布局形式有"国"字型、拐角型、标题正文型、左右框架型、上下框架型、综合框架型、封面型、Flash 型、变化型。

（1）"国"字型。也可以称为"同"字型，是一些大型网站所喜欢的类型，即最上面是网站的标题以及横幅广告条，接下来就是网站的主要内容，左右两列可显示内容简短的栏目，中间是主要部分，与左右一起罗列到底，最下面是网站的一些基本信息、联系方式、版权声明等。这种结构是网上出现最多的一种结构类型。

（2）拐角型（"厂"字型）。这种结构与"国"字型只是形式上的区别，其实是很相近的，上面是标题及广告横幅，接下来的左侧是链接等内容，右列是很宽的正文，下面也是一些网站的辅助信息。在这种类型中，一种很常见的形式为：最上面是标题及广告，左侧是导航链接。

（3）标题正文型。这种类型最上面是标题或类似的一些东西，下面是正文，如一些文章页面或注册页面等就是这种类型。

（4）左右框架型。这是一种左右分为两页的框架结构，一般左面是导航链接，有时最上面会有一个小的标题或标志，右面是正文。经常见到的大型论坛都是这种结构类型，有一些企业网站也喜欢采用。这种类型结构非常清晰，一目了然。

（5）上下框架型。与左右框架型类似，区别仅仅在于上下框架型是一种上、下分为两页的框架。

（6）综合框架型。这是左右框架型与上下框架型两种结构的结合，是相对复杂的一种框架结构，较为常见的是类似于"拐角型"结构的，只是采用了框架结构。

（7）封面型。这种类型经常出现在一些网站的首页，大部分为一些精美的平面设计结合一些小的动画，放上几个简单的链接或者仅是一个"进入"的链接甚至直接在首页的图片上做链接而没有任何提示。这种类型大都出现在企业网站和个人主页，如果处理得好，会给人带来赏心悦目的感觉。

（8）Flash 型。这与封面型结构是类似的，只是这种类型采用了目前非常流行的 Flash，与封面型不同的是，由于 Flash 强大的功能，其页面所表达的信息更丰富，如果视觉效果及听觉效果处理得当，绝不亚于传统的多媒体。

（9）变化型。即上面几种类型的结合与变化，比如网站在视觉上是很接近拐角型的，但所实现的功能的实质是上、下、左、右结构的综合框架型。

1.4 网站风格定位

网站整体风格指的是网站上的所有元素（页面布局、标志、色彩搭配、字体、交互性等）组合后给人的视觉印象。风格是抽象的，企业网站的平易近人、迪士尼网站的生动活泼、门户网站的严谨庄重都给人留下了深刻的印象。

一般网站的主题决定了内容的建设和结构的规划，同时对网站风格的体现也有较大的影响。在网站风格展现中，需要注意以下 3 个方面。

（1）网站整体风格要保持一致。众所周知，网站的首页设计是网站设计的重点，但不能忽略了内容页的建设。风格的统一要从网站的结构、色彩搭配、导航栏设计方面进行全面考虑。

（2）页面的色彩搭配。色彩影响着人们对网站的第一印象，网站建设中使用同一组色彩搭配，会使网站的感觉更加和谐统一，能更清晰地体现网站的结构层次，使网站主题更加突出。

（3）网站版面的布局设计。可以把各种各样的线条和形状与网页元素合理地搭配到一起，将网页分割成很多区块。合理设置网站 LOGO、导航条、广告，将重要的信息放置在网站的显著位置，可使网站的内容井然有序、重点突出。

网站风格是对设计师艺术修养和感受力的一种检验。在提炼出网站的特色后，将其展现出来，就成了网站的风格。

1.5 网站的开发流程

一个网站的建设需要把很多细节结合在一起，只有把各步骤有序地完成，才能建成一个完整的网站。网站开发主要流程如图 1-3 所示。

从业务员与客户沟通、签订网站制作协议后，网站建设大体需要 4 个阶段。

1. 网站需求分析及策划阶段

这个阶段是设计网站的重要阶段，主要完成以下工作。

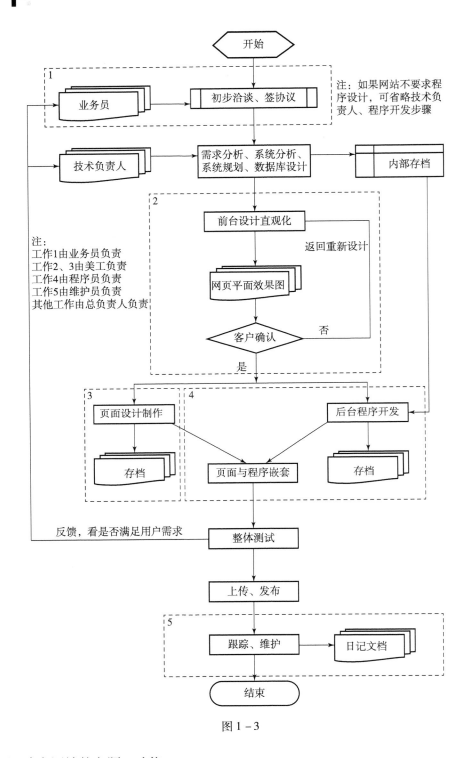

图 1-3

1）确定网站的主题、功能

主要与客户积极沟通，明确网站建设的目的、功能、主题。设计是为主题服务的，既要"美"又要实现"功能"。只有主题确定了，才能设计网站的实现风格。然后选择站点的色调、标志、字体、版面元素等的设计。

2）设计生成网页效果图

由网站美工生成网页效果图，与客户沟通，不断调整，达成共识，最终确定网站的设计效果，为下一阶段的建设奠定基础。

2. 网站设计与制作阶段

完成网站需求分析及策划后，就可以开始建设网站了。建设网站主要分前台和后台两大模块。前台网站设计以网页效果图为样本，完成页面版面的建立。后台要应用恰当的语言做程序处理，从而完成特定的功能。这一阶段主要完成以下工作。

1）规划站点文件的目录结构

将站点用到的各类素材及文件分门别类地组织起来，并放到相应的文件夹下，这就构成了站点的目录结构，如图1-4所示。

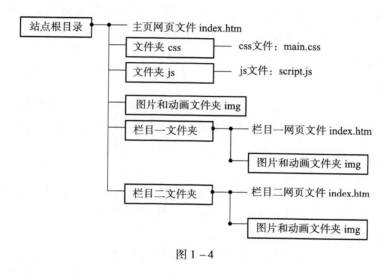

图1-4

2）规划各级页面布局

根据需求分析设计的网页效果图，进行各级页面的框架布局。重点采用 DIV + CSS 的布局方式实现。

3）制作前台页面

将收集整理的网页各种元素、素材添加到布局框架中，实现前台页面。

4）添加后台程序

为实现页面的数据交互，还需编写相应的程序实现网页的动态功能。本书不涉及这部分内容。

3. 测试发布阶段

完成网站设计与制作后，就形成了网站的雏形，但不一定完善，所以需要对网站从用户的角度做功能测试，发现问题后逐渐完善，就可以把网站上传到虚拟主机空间里，这时通过域名就可以正式访问网站了。

4. 维护推广阶段

一个好的网站不是一次性就可以制作完成的，在运行过程中要对发现的问题不断地修改，这就是网站维护的目的。维护主要针对网站的服务器、网站安全、网站内容等。当网站功能基本稳定后，就要做站外推广工作，可以通过百度搜索引擎对网站进行推广，还可以在其他网络平台进行互联网推广。

> 加油站

网页创意设计思维

一个网站如果想在浏览者中确定自己的形象，就必须具有突出的个性，必须依靠网站自身独特的创意，因此创意是网站存在的关键。好的创意能够巧妙、恰当地表现主题、渲染气氛、增添网页的感染力，让人过目不忘。

1. 创意思维的原则

1）审美原则

好的创意必须具有审美性。一种创意如果不能给浏览者以好的审美感受，就不会产生好的效果。创意的审美原则要求所设计的内容健康、生动、符合人们审美观念。

2）目标原则

创意自身必须与创意目标相吻合，创意必须能够反映主题、表现主题。网页设计必须具有明确的目标性。网页设计的目的是为了更好地体现网站内容。

3）系列原则

系列原则符合"寓多样于统一之中"这一形式美的基本法则，是在具有同一设计要素或同一造型、同一风格或同一色彩、同一格局等的基础上进行连续的发展变化，既有重复的变迁，又有渐变的规律。这种系列变化，给人一种连续、统一的形式感，同时又具有一定的变化，体现了网站的整体运作能力和水平，增强了网站的固定印象和信任度。

4）简洁原则

要做到简洁原则：一是要明确主题，抓住重点，不能本末倒置、喧宾夺主；二是注意修饰得当，要做到含而不露、蓄而不发，以凝练、朴素、自然为美。

2. 创意设计方法

在进行创意的工程中，需要设计人员新颖的思维方式。好的创意是在借鉴的基础上利用已经获得的设计形式，来丰富自己的知识，从而启发创造性的设计思路。

1）富于联想

联想是艺术形式中最常用的表现手法。在设计过程中通过丰富的联想，可扩大艺术形象的容量，加深画面的意境。

2）巧用对比

对比是一种趋向于对立冲突的艺术表现手法。在网页设计中加入不和谐的元素，把网页作品中的特点元素放在鲜明的对照和直接对比中来表现，通过这种方法更鲜明地强调或提示网页的特征，给浏览者留下深刻的视觉感受。

3）大胆夸张

夸张是把对象的特点和个性中美的方面进行夸大，赋予人们一种新奇的视觉感受，通过这种表现手法，为网页的艺术美注入浓郁的感情色彩，使得网页的特征更鲜明、更突出。

4）以人为本

艺术的感染力最直接左右的是感情因素，以人为本是使艺术加强传达情感的表现手法，它以美好的感情来烘托主题，这是网页设计中的文学侧重和美的意境与情趣追求。

5）流行时尚

流行时尚的创意手法是通过鲜明的色彩、单纯的形象以及编排上的节奏感来体现出流行的形式特点。

6）合理综合

综合是设计中广泛应用的方法，它在分析各个构成要素的基础上加以综合，使综合后的界面整体形式表现出创造性的新成果，追求和谐的美感。

任务二　Dreamweaver 开发工具介绍

【知识目标】

了解并掌握 Dreamweaver 软件开发环境的使用。

【能力目标】

培养学生利用 Dreamweaver 建立一个简单的网页。

【任务实施】

Dreamweaver 是美国 Macromedia 公司开发的集网页制作和管理网站于一身的所见即所得网页编辑器，它是第一套针对专业网页设计师特别发展的视觉化网页开发工具，利用它可以轻而易举地制作出跨越平台限制和跨越浏览器限制的充满动感的网页。Micromedia 公司后被 Adobe 公司收购，Dreamweaver 也随 Adobe 软件一同发布。

1. 发展概括

Adobe Dreamweaver，简称 DW，中文名称为"梦想编织者"，是美国 Macromedia 公司开发的集网页制作和管理网站于一身的所见即所得网页编辑器，DW 是第一套针对专业网页设计师特别发展的视觉化网页开发工具，利用它可以轻而易举地制作出跨越平台限制和跨越浏览器限制的充满动感的网页。

Dreamweaver 的优点如下。

1) 制作效率高

Dreamweaver 可以用最快速的方式将 Fireworks、FreeHand 或 Photoshop 等档案移至网页上。

2) 可进行网站管理

使用"网站地图"可以快速制作网站雏形，设计、更新和重组网页。

3) 控制能力强

Dreamweaver 是唯一提供 Roundtrip HTML、视觉化编辑与原始码编辑同步的设计工具。

总之，Dreamweaver 适合新手，代码提示功能很强大，有设计模式，直接单击即可，不用输入代码。

2. 界面介绍

软件安装完成后，双击桌面上的 Dreamweaver 图标，就可以进入工作界面了，如图 1-5 所示。

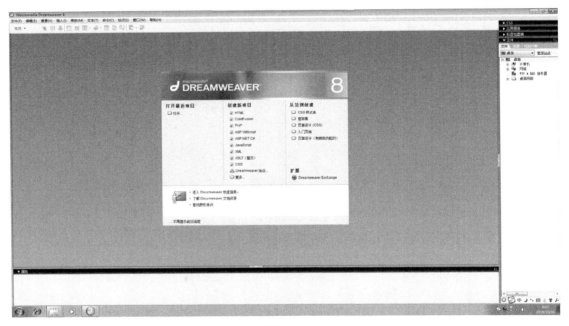

图 1-5

操作界面主要由菜单栏、插入面板、文档工具栏、文档窗口、属性面板、浮动面板等工具构成，当然这些工具也可以根据自己的需要来调节成是显示还是隐藏，如图 1-6 所示。

菜单栏上的每个菜单项下面都有一个下拉菜单，每个菜单命令都可以进行一些相关的命令执行或属性设置，如图 1-7 所示。

图 1-6

图 1-7

下面对 Dreamweaver 主界面的 6 个部分进行详细介绍。

1) 菜单栏

Dreamweaver 菜单栏包括文件、编辑、查看、插入、修改、格式、命令、站点、窗口、帮助这 10 个菜单项。各个菜单项的功能如下。

(1) "文件"菜单。包含"新建""打开""保存""保存全部"命令，还包含各种其他命令，用于查看当前文档或对当前文档执行操作，如"在浏览器中预览"和"打印代码"。

(2) "编辑"菜单。包含选择和搜索命令，如"选择父标签"以及"查找和替换"。"编辑"菜单还提供对 DW 菜单中"首选参数"的访问。

(3) "查看"菜单。使你可以看到文档的各种视图（如"设计"视图和"代码"视图），并且可以显示和隐藏不同类型的页面元素和 DW 工具及工具栏。

(4) "插入"菜单。提供"插入"栏的替代项，用于将对象插入文档。

(5) "修改"菜单。使你可以更改选定页面元素或项的属性。使用此菜单，可以编辑标签属性、更改表格和表格元素，并且为库项目和模板执行不同的操作。

(6) "格式"菜单。使你可以轻松地设置文本的格式样式。

(7)"命令"菜单。提供对各种命令的访问,包括根据格式首选参数设置代码格式的命令、创建相册的命令等。

(8)"站点"菜单。提供用于管理站点以及上传和下载文件的命令。

(9)"窗口"菜单。提供对 DW 中的所有面板、检查器和窗口的访问。

(10)"帮助"菜单。提供对 Dreamweaver 文档的访问,包括关于使用 Dreamweaver 以及创建 Dreamweaver 扩展功能的帮助系统,还包括各种语言的参考材料。

2)插入面板

Dreamweaver 的插入面板包含用于创建和插入对象的按钮,这些按钮也可以通过菜单中的命令来实现。插入面板包含经常用的网页元素,如图片、超链接、邮件、表格、媒体等,如图 1-8 所示。

图 1-8

(1)常用类别。用于创建和插入最常用的对象,如图像和表格。

(2)布局类别。用于插入表格、表格元素、div 标签、框架和 Spry Widget。还可以选择表格的两种视图,即标准(默认)表格和扩展表格。

(3)表单类别。包含一些按钮,用于创建表单和插入表单元素(包括 Spry 验证 Widget)。

(4)数据类别。使你可以插入 Spry 数据对象和其他动态元素,如记录集、重复区域以及插入记录表单和更新记录表单。

(5)Spry 类别。包含用于构建 Spry 页面的按钮,以及 Spry 数据对象和 Widget。

(6)InContext Editing 类别。包含供生成 InContext 编辑页面的按钮,以及用于可编辑区域、重复区域和管理 CSS 类的按钮。

(7)文本类别。用于插入各种文本格式和列表格式的标签,如 b、em、p、h1 和 ul。

(8)收藏夹类别。用于将"插入"面板中最常用的按钮进行分组和组织到某一公共位置。

(9)服务器代码类别。仅适用于使用特定服务器语言的页面,这些服务器语言包括 ASP、CFML Basic、CFML Flow、CFML Advanced 和 PHP。这些类别中每个都提供了服务器代码对象,可以将这些对象插入"代码"视图中。

3)文档工具栏

Dreamweaver 使用文档工具栏包含的按钮,可以在文档的不同视图之间快速切换。文档工具栏中还包含一些与查看文档、在本地和远程站点间传输文档有关的常用命令和选项。

(1)显示代码视图。只在"文档"窗口中显示"代码"视图。

(2)显示代码和设计视图。将"文档"窗口拆分为"代码"视图和"设计"视图。如果选择这种组合视图,则"查看"菜单中的"顶部的设计视图"命令选项变为可用。

（3）显示设计视图。仅在"文档"窗口中显示"设计"视图。

提示：如果处理的是 XML、JavaScript、CSS 或其他基于代码的文件类型，则无法在"设计"视图中查看文件，而且"设计"和"拆分"按钮将会变为不可用。

（4）实时代码视图。在代码视图中显示实时视图源。单击"实时代码"按钮时，也要同时单击"实时视图"按钮。

（5）检查浏览器兼容性。用于检查你的 CSS 是否对于各种浏览器均兼容。

（6）实时视图。显示不可编辑的、交互式的、基于浏览器的文档视图。

（7）打开视图和检查模式。单击"检查"按钮，可以打开视图和检查模式，方便检查网页的内容。

（8）在浏览器中预览/调试。允许在浏览器中预览或调试文档。从弹出菜单中选择一个浏览器。

（9）可视化助理。可以使用各种可视化助理来设计页面。

（10）刷新设计视图。在"代码"视图中对文档进行更改后刷新该文档的"设计"视图。在执行某些操作（如保存文件或者单击此按钮）之后，在"代码"视图中所做的更改才会自动显示在"设计"视图中。

提示：刷新过程也会更新依赖于 DOM（文档对象模型）的代码功能，如选择代码块的开始标签或结束标签的功能。

（11）文档标题。允许为文档输入一个标题，它将显示在浏览器的标题栏中。如果文档已经有了一个标题，则该标题将显示在该文本框中。

（12）文件管理。显示"文件管理"弹出菜单，它包含一些在本地和远程站点间传输与文档有关的常用命令和选项。

4）文档窗口

Dreamweaver 的文档窗口是最主要的工作区，它将显示所有打开的网页文档。单击文档工具栏的"代码""拆分""设计"3 个按钮，可以在文档窗口内显示不同视图下的状态。使用者可以根据自己的习惯或实际情况进行视图转换。

5）属性面板

Dreamweaver 的属性面板可以检查和编辑当前页面选定元素的最常用属性，如文本和插入的对象，如图 1-9 所示。属性检查器的内容根据选定元素的不同会有所不同。例如，如果选择了页面上的图像，则属性检查器就会改为显示该图像的属性，如图像的文件路径、图像的宽度和高度、图像周围的边框（如果有则会显示）等。

图 1-9

默认情况下，属性检查器位于工作区的底部边缘，但是可以将其取消停靠，并使其成为工作区中的浮动面板。在图1-9的顶部"属性"的下边，按住鼠标左键，即可拖动属性检查器为浮动面板，按照同样的方法，还可以将它拖到底部，停靠在工作区下面。

6）其他常用浮动面板

Dreamweaver 的 CSS、应用程序、文件、框架、历史记录等可以简称为浮动面板，这些面板根据功能被分成了若干组，它们都可以置于编辑窗口之外，可以使用拓展按钮展开，都可以通过"窗口"菜单中的命令有选择地被打开和隐藏。

3. 设置测试浏览器

网页制作完成后，需要在不同的浏览器上显示。由于网页的兼容性问题，在网页设计和开发的测试阶段要完成主流浏览器的测试，以满足绝大多数用户的需求。因此，在 Dreamweaver 开发环境中，至少要安装 IE 浏览器、火狐浏览器、谷歌浏览器3个主流浏览器。下面以安装火狐浏览器为例进行测试浏览器的讲解。

1）下载安装浏览器

在网络中下载火狐浏览器，并安装。

2）添加测试浏览器

启动 Dreamweaver，在"首选参数"对话框中选择"分类"列表框中的"在浏览器中预览"选项，单击"+"按钮，添加新的测试浏览器。设置其中一个为默认浏览器，如图1-10所示。

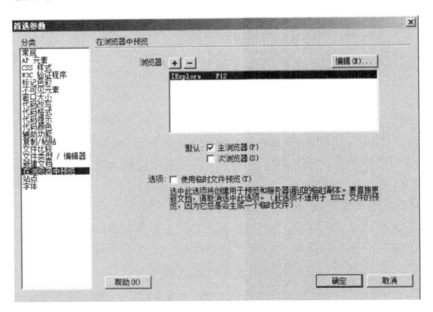

图1-10

4. 创建一个测试页面

了解了 Dreamweaver 环境之后，就可以尝试创建一个测试页面。

1）新建 HTML 页面

选择"文件"→"新建"菜单命令，新建一个 HTML 页面，选择"文件"→"保存"菜单命令，保存为"index.html"文件。

2）添加网页元素

在设计视图下，在页面中输入文字"测试页面"，保存即可。

3）测试查看网页效果

在"文档工具栏"中选择"在浏览器中浏览/调试"下拉列表中的"预览在 IExplore"或按键盘上的 F12 键，将在浏览器中显示网页的效果。

任务三 创建与管理网站站点

【知识目标】

（1）了解站点相关知识。

（2）掌握文件夹的命名规则。

（3）掌握网站目录规范。

【能力目标】

（1）能规划站点。

（2）能创建站点。

（3）能管理站点。

【任务实施】

一、站点的概念

站点是网站中使用的所有文件和资源的集合，通常包含两个部分，即：可在其中存储和处理文件的计算机上的本地文件夹；将相同文件夹发布到 Web 上的服务器上的远程文件夹。通常先在本地将网站建立完成，形成本地站点，再上传到网络上。站点有利于网站资源的管理，合理的站点结构能加快网站的工作效率。

二、站点的规划

1. 规划站点的目录结构

在本地硬盘中设定一个文件夹作为网站站点（即根目录），然后再在其中建立不同的文件夹对不同的素材进行分类管理，如图 1-11 所示。

2. 规划站点栏目结构

根据网站的内容，设计栏目结构草图，如图 1-12 所示。

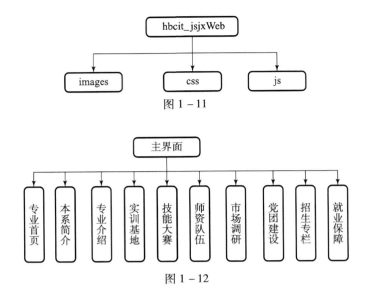

图 1-11

图 1-12

3. 创建网站站点

（1）在 D 盘建立一个文件夹，命名为 hbcit_ jsjxWeb，将此文件夹定义为站点（即网站根文件夹）。

（2）将网站资源分类存放。例如，将图片文件存入 images 文件夹里，并放置在根文件夹下。

（3）选择"站点"→"新建站点"菜单命令，弹出"站点设置对象"对话框，在"站点名称"文本框中输入"jsjxWeb"，并设置站点路径为 D 盘下"hbcit_jsjxWeb"文件夹，如图 1-13 所示。

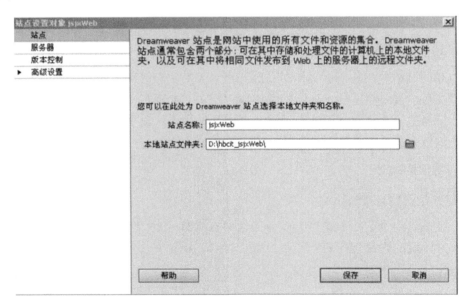

图 1-13

（4）暂时在本地进行网站建设，因此服务器端不要设置，使用系统默认项即可。

（5）设置完成并保存。

4. 管理网站站点

站点建立后可对本地站点进行管理操作，如打开、编辑、复制、删除、导入导出站点等操作。

1）打开站点

方法一：选择"站点"→"管理站点"菜单命令，在弹出的对话框中选择要打开的站点，单击"完成"按钮。

方法二：在"文件面板"中选择已建立的站点也可以打开站点。

2）编辑站点

方法一：选择"站点"→"管理站点"菜单命令，在弹出的对话框中双击要打开的站点，即可编辑该站点。

方法二：在弹出的"管理站点"对话框中选择要打开的站点，单击"编辑当前选定的站点"图标按钮，即可进行编辑。

3）复制已有的站点

在弹出的"管理站点"对话框中选择要复制的站点，单击"复制当前选定的站点"图标按钮，单击"完成"按钮即可，如图 1-14 所示。

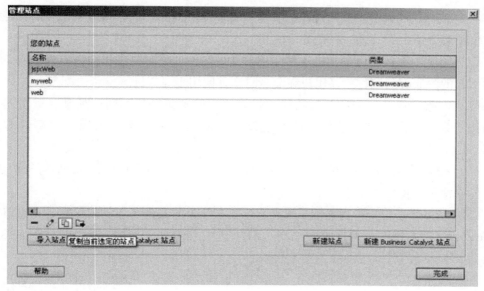

图 1-14

4）删除已有的站点

在弹出的"管理站点"对话框中选择要删除的站点，单击"删除当前选定的站点"图标按钮，在弹出的对话框中单击"是"按钮即可。

5）导入导出站点

在弹出的"管理站点"对话框中，选择要导出的站点，单击"导出当前选定的站点"图标按钮，在弹出对话框中单击"保存"按钮即可。导入使用同样的方法。

1. 网站目录命名规范

在 Dreamweaver 中用户可以对一系列不同类型的对象进行命名，这些对象包括图片、层、表单、文件、数据库域等，这些对象将会被许多不同的工作引擎进行分析处理，这些工具包括各种浏览器、JavaScript 脚本解析器、网络服务器、应用程序服务器、查询语言等。

如果某个对象的名称无法被某个解析器识别，就有可能导致故障的发生，更加麻烦的是用户可能很难发现问题的原因。例如，某个具体的特效无法正确显示，或者在某个特殊阶段无法正确显示，有时故障可能只会在某种特殊情况或在使用某个浏览器时发生，而在其他情况下保持正常，这样用户将很难分析出故障是由于命名问题而导致的。

由于需要命名的对象种类很多，对这些对象进行解析的引擎工具也很多，因此用户在给这些对象命名时应该遵循一个常规的标准，以确保普遍兼容性。

命名的基本原则就是：使用独一无二的、小写、不带空格的名称，名称应由字母和数字组成，并以字母开始，名称中可以包含"_"符号。

（1）独一无二。要确保某对象的名称与其他对象不同，保证其独一无二的属性，如可以将某对象命名为"feedback_button_3"。

（2）小写。有些服务器和脚本解析器对文件名的大小写也进行检查。为了避免因大小写引起的不兼容问题，建议用户在命名时全部使用小写字母。

（3）不带空格。不同的解析器对空格等符号的解析结果不同，如某些解析器会把空格视为某个十六进制的数值，因此建议用户使用不带空格的单词作为文件对象的名称。

（4）词数混合。用户在命名中可以随意使用 26 个罗马字母以及 10 个阿拉伯数字，而不建议使用其他标点符号。

（5）以字母开始。有些解析器不喜欢以数字开头的文件名。例如，在某些浏览器中的 JavaScript 脚本内部，如果使用"alpha23"这样的名称就不会出现问题，而如果使用"23alpha"这样的名称就可能会发生故障。

（6）可包含"_"符号。为了使某个对象的文件名独一无二，用户可以通过使用"_"符号更加详细地描述文件名，如某对象的文件名可以是"jd_background_17"。

除了上述原则标准外，还需要注意一些其他情况，如文件名与系统的冲突。某些文件名可能满足上述标准，但可能还会导致故障的发生，原因是它们与系统产生了冲突。

例如，当使用 JavaScript 脚本函数时，不建议用户将某个变量命名为"for"，因为"for"在该系统下是一个工作语言字串，使用其命名某个变量可能会导致解析器工作出错。许多程序都有一些保留名称，这些名称一般不建议用户使用。

例如，用户使用某个 SQL 程序保留的名称来命名某个数据库域，SQL 对其进行分析时就可能会报错。

此外，用户在将不同来源的代码编到一起时，应该注意文件名的冲突情况。

例如，用户把来自不同资源的两个 JavaScript 行为代码编至同一网页内，而这两个行为代码的变量名相同时，这时就有可能出现问题。

因此，作为查询故障的技巧，在出现故障时，用户可以查询一下相同网页中是否存在相同文件名的变量名称。

2. 目录建立的原则

（1）以最少的层次提供最清晰、简便的访问结构。根目录指 DNS 域名服务器指向的索引文件的存放目录。

（2）服务器的 FTP 上传目录默认为 html 根目录文件。根目录只允许存放 index.html 和 main.html 文件，以及其他必需的系统文件。

（3）每个语言版本存放于独立的目录。

3. 网站文件命名规则

关于文件的命名，看似无足轻重，但实际上如果没有良好的命名规则进行必要的约束，一味地乱起名称，最终导致的结果就是整个网站或文件夹无法管理。所以，命名规则在这里同样非常重要。需要特别注意的是，网站文件或文件夹命名应尽量避免使用中文字符。

（1）文件的命名，以最少的字母达到最容易理解的意义。

（2）索引文件统一使用 index.html 文件名（小写）。index.html 文件统一作为"桥页"，不制作具体内容，仅仅作为跳转页和 meta 标签页。主内容页为 main.html。

（3）按菜单名的英语翻译取单一单词为名称。所有单英文单词文件名都必须为小写，所有组合英文单词文件名的第二个单词起第一个字母大写；所有文件名字母间连线都为下划线。

例如，关于我们 \ aboutus

信息反馈 \ feedback

产品 \ product

（4）图片的命名，以图片英语字母为名。以最少的字母达到最容易理解的意义。

（5）对于较小的图片，使用以下格式命名：sm.kahn.gif。其中，sm 代表"small"，kahn 代表图片的内容。较大图像的命名规则也一样，只是以 bg 开头的，如 bg.kahn.gif，用以区分不同图像的命名规则应当是全站通用的，这样可以尽量避免不同的名称混淆。

学习情境二

网页效果图的设计与制作

加油站

网页效果图,又称页面效果图。顾名思义,是一个网页页面的图片表现形式。也就是说,将网页页面用图片的形式表现出来,又称页面效果图,多用于建站前期。

一、定义

网站制作人员在了解客户需求之后,要根据客户需求起草网站策划书,客户同意策划方案后,网站美工要制作出若干张"网页效果图",图片格式多为.jpg、.psd、.png,用户从中选取一张用来作模型,或者根据用户意见再次修改效果图,直到用户满意为止。

网页效果图设计是网站项目开发中非常重要的一环。通过网页效果图,客户可以把自己想展示的内容以图像的方式表现出来,因此网页效果图设计阶段是网站开发中最繁杂、最漫长的阶段,往往要占据项目开发时间的 1/3 甚至 2/3。

网站前台人员以网页效果图为模型,使用 Dreamweaver 等网页制作软件搭建成真正的网站。

二、设计

这是很多人关心的话题。其实设计不同的网页效果图的方法及过程均不相同,但以下设计思路可以借鉴!

步骤1　客户需求。主要是听取客户关于项目的具体要求。

步骤2　网站策划。明确网站建设目标,收集客户资料,分析网站类型,确定网站风格。

步骤3　绘制效果图。主要分为3个步骤:一是绘制草图;二是利用辅助线等技术绘制整体轮廓;三是进行各区域块的细化。

步骤4　客户审核。在效果图设计过程中,一定要与客户保持良好的联系,最终达到一致。

步骤5　切片、优化导出。

步骤6　网页技术整合阶段,利用 HTML + CSS + JavaScript 及相应的后台编码技术完成整个网站的开发。

三、布局原则

网页的布局设计,就是指网页中图像和文字之间的位置关系,简单来说也可以称之为网页排版。网页布局设计最重要的就是传达信息,且使它们组成一个有机的整体,展现给广大的观众。可以依据以下几条原则进行网页布局。

(1)主次分明,中心突出。

在一个页面上,必然要考虑视觉中心,这个中心一般在屏幕的中央,或者在左上的视觉优势位置。因此,一些重要的文章和图片一般可以安排在这些部位,在视觉中心以外的地方可以安排那些稍微次要的内容,这样在页面上就突出了重点,做到主次分明。

（2）大小搭配，相互呼应。

较长的文章或标题不要编排在一起，要有一定的距离。同样，较短的文章也不能编排在一起。对待图片的安排也是这样，要互相错开，使大小之间有一定的间隔，这样可以使页面错落有致，避免重心偏离。

（3）图文并茂，相得益彰。

文字和图片具有一种相互补充的视觉关系，页面上文字太多，就显得沉闷，缺乏生气。页面上图片太多，又缺少文字，必然就会减少页面的信息容量。因此，最理想的效果是文字与图片的密切配合，互为衬托，既能活跃页面，又使主页有丰富的内容。

四、网页布局分类

网页布局大致可分为骨骼型、满版型、分割型、对称型、倾斜型、焦点型、三角型、自由型。下面分别论述。详例可参照图片册。

（1）骨骼型描述。网页中骨骼型是一种规范、严谨的分割方式，也是最为普通、最为常见的一种形式，类似报刊的版式。常见的网页骨骼有竖向通栏、双栏、三栏、四栏和横向通栏、双栏、三栏和四栏等。通常以竖向分栏居多。这种版式给人以和谐、理性的美。

（2）满版型描述。满版型页面以图像充满整版。主要以图像为诉求点，可将部分文字置于图像之上。其视觉传达效果直观而突出，给人以生动、大方的感觉。满版型版式被各种网站所采用，如学校、娱乐、体育、艺术、儿童以及个性化网页，其中以韩国网站居多。

（3）分割型描述。分割型版式指把整个页面分成上、下或左、右两部分，分别安排图片或文字内容。两部分形成对比，使图片部分感性而具表现力，文字部分则理性而具说服力。可以调整图片和文字所占的面积比例，来调节对比强弱。如果图片比例过大，文字字体过于纤细、段落疏松，会造成视觉心理的不平衡，显得生硬。

（4）中轴或对称型描述。中轴型版式是将图片和文字沿浏览器窗口的中间轴心位置做水平或垂直方向排列的一种设计方式。沿中轴水平方向排列的页面可以给人稳定、平静、含蓄的感觉，沿中轴垂直方向排列的页面可以给人以舒畅的感觉。采用这种版式设计的网页比较适合作网站的首页。

（5）焦点型描述。焦点型的网页版式通过对浏览者视线的诱导，可以使页面产生强烈的视觉效果，如集聚感或膨胀感等。中心焦点型是将图片或文字置于页面的视觉中心；向心焦点型是通过视觉元素引导浏览者的视线向页面中心聚拢；离心焦点型是通过视觉元素引导浏览者的视线向外辐射。焦点型版式为各类网站使用，以体育、娱乐、动画网站居多。

（6）倾斜或曲线型描述。倾斜型页面主题形象或多幅图片、文字作倾斜编排，形成不稳定感或强烈的动感，引人注目。此类网站版式为各类网站所采用。曲线型网站图片、文字在页面上作曲线的分割或编排构成，产生韵律与节奏。此类网站版式为各类网站所采用。

（7）三角型描述。三角型版式是指界面各视觉元素呈三角形或多角形排列。正三角型最具稳定性，倒三角型则可产生动感。侧三角型构成一种均衡版式，既安定又有动感。三角型版式为各类网站所采用。

（8）自由型描述。自由型版式的页面具有活泼、轻快的气氛。自由型版式也可应用于多种网站，如网络、娱乐、体育、个人、商务等。

以上介绍的版式基本类型并不是固定不变的，在实际设计中，设计师可以根据网页所要传达的主题内容来灵活地变化版式。在设计前要认真分析网站的定位，在设计中要灵活把握版式结构，才能更好地达到设计目的。

五、网页文字设置

一般来说，网页的背景色应该柔和一些、素一些、淡一些，再配上深色的文字，使人看起来自然、舒畅。而为了追求醒目的视觉效果，可以为标题使用较深的颜色。下面是作者制作网页和浏览别人的网页时，对网页背景色和文字色彩搭配积累的经验，这些颜色可以作正文的底色，也可以作标题的底色，再搭配不同的字体，一定会有不错的效果，希望对大家在制作网页时有所裨益。

BgcolorK"#F1FAFA"————作正文的背景色好，淡雅；
BgcolorK"#E8FFE8"————作标题的背景色较好；
BgcolorK"#E8E8FF"————作正文的背景色较好，文字颜色配黑色；
BgcolorK"#8080C0"————上配黄色、白色文字较好；
BgcolorK"#E8D098"————上配浅蓝色或蓝色文字较好；
BgcolorK"#EFEFDA"————上配浅蓝色或红色文字较好；
BgcolorK"#F2F1D7"————配黑色文字素雅，如果是红色则显得醒目；
BgcolorK"#336699"————配白色文字好看些；
BgcolorK"#6699CC"————配白色文字好看些，可以作标题；
BgcolorK"#66CCCC"————配白色文字好看些，可以作标题；
BgcolorK"#B45B3E"————配白色文字好看些，可以作标题；
BgcolorK"#479AC7"————配白色文字好看些，可以作标题；
BgcolorK"#00B271"————配白色文字好看些，可以作标题；
BgcolorK"#FBFBEA"————配黑色文字比较好看，一般作为正文；
BgcolorK"#D5F3F4"————配黑色文字比较好看，一般作为正文；
BgcolorK"#D7FFF0"————配黑色文字比较好看，一般作为正文；
BgcolorK"#F0DAD2"————配黑色文字比较好看，一般作为正文；
BgcolorK"#DDF3FF"————配黑色文字比较好看，一般作为正文；

浅绿色底配黑色文字，或白色底配蓝色文字都很醒目，但前者突出背景，后者突出文字。红色底配白色文字，比较深的底色配黄色文字非常有效果。

上文只是起到抛砖引玉的作用，大家可以发挥想象力，搭配出更有新意、更醒目的颜色，使网页更具有吸引力。

如今，互联网越来越走近我们的生活，网上冲浪也渐渐成为生活中不可缺少的一部分。网络世界五彩缤纷，涌现出大量优秀、精美的网页。大量网络信息无非就是通过文本、图像、Flash 动画等呈现，其中，文本是网页中最为重要的设计元素。对于网页设计初学者而言，了解和掌握网页设计中的文字排版设计就显得尤为重要。

（一）文字的格式化

字号大小可以用不同的方式来计算，如磅#quotel. quoter#或像素（Pixel）。因为以像素技术为基础单位打印时需要转换为磅，所以建议采用磅为单位。

最适合于网页正文显示的字体大小为 12 磅左右，现在很多的综合性站点，由于在一个页面中需要安排的内容较多，通常采用 9 磅字。较大的字体可用于标题或其他需要强调的地方，小一些的字体可以用于页脚和辅助信息。需要注意的是，小字号容易产生整体感和精致感，但可读性较差。

网页设计者可以用字体来更充分地体现设计中要表达的情感。字体选择是一种感性、直观的行为。但是，无论选择什么字体，都要依据网页的总体设想和浏览者的需要。例如，粗体字强壮有力，有男性特点，适合机械、建筑业等内容；细体字高雅细致，有女性特点，更适合服装、化妆品、食品等行业的内容。在同一页面中，字体种类少，版面雅致，有稳定感；字体种类多，则版面活跃，丰富多彩。关键是如何根据页面内容来掌握这个比例关系。

从加强平台无关性的角度来考虑，正文内容最好采用默认字体。因为浏览器是用本地机器上的字库显示页面内容的。作为网页设计者必须考虑到大多数浏览者的机器里只装有 3 种字体类型及一些相应的特定字体。而指定的字体在浏览者的机器里并不一定能够找到，这就给网页设计带来很大的局限性。解决问题的办法是：在确有必要使用特殊字体的地方，可以将文字制成图像，然后插入页面中。

行距的变化也会对文本的可读性产生很大影响。一般情况下，接近字体尺寸的行距设置比较适合正文。行距的常规比例为 10: 12，即用字 10 点，则行距 12 点。这主要是出于这些考虑：适当的行距会形成一条明显的水平空白带，以引导浏览者的目光，而行距过宽会使一行文字失去较好的延续性。

除了对可读性的影响外，行距本身也是具有很强表现力的设计语言，为了加强版式的装饰效果，可以有意识地加宽或缩窄行距，体现独特的审美意趣。例如，加宽行距可以体现轻松、舒展的情绪，应用于娱乐性、抒情性的内容恰如其分。另外，通过精心安排，使宽、窄行距并存，可增强版面的空间层次与弹性，表现出独到的匠心。

行距可以用行高（line - height）属性来设置，建议以磅或默认行高的百分数为单位，如 ｛line - height：20pt｝、｛line - height：150%｝。

（二）文字的整体编排

页面里的正文部分是由许多单个文字经过编排组成的群体，要充分发挥这个群体形状在版面整体布局中的作用。从艺术的角度可以将字体本身看作一种艺术形式，它在个性和情感方面对人有着很大影响。在网页设计中，字体的处理与颜色、版式、图形等其他设计元素的处理一样非常关键。从某种意义上讲，所有的设计元素都可以理解为图形。

1. 文字的图形化

字体具有两方面的作用：一是实现字意与语义的功能；二是美学效应。文字的图形化，既是强调它的美学效应，把记号性的文字作为图形元素来表现，同时又强化了原有的功能。作为网页设计者，既可以按照常规的方式来设置字体，也可以对字体进行艺术化设计。无论怎样，一切都应围绕如何更出色地实现自己的设计目标。

将文字图形化、意象化，以更富创意的形式表达出深层的设计思想，能够克服网页的单调与平淡，从而打动人心。

2. 文字的叠置

文字与图像之间或文字与文字之间在经过叠置后，能够产生空间感、跳跃感、透明感、杂音感和叙事感，从而成为页面中活跃的、令人注目的元素。虽然叠置手法影响了文字的可读性，但是能造成页面独特的视觉效果。这种不追求易读，而刻意追求"杂音"的表现手法，体现了一种艺术思潮。因而，它不仅大量运用于传统的版式设计，在网页设计中也被广泛采用。

3. 标题与正文

在进行标题与正文的编排时，可先考虑将正文作双栏、三栏或四栏的编排，再进行标题的置入。将正文分栏，是为了求取页面的空间与弹性，避免通栏的呆板以及标题插入方式的单一性。标题虽是整段或整篇文章的标题，但不一定千篇一律地置于段首之上，可作居中、横向、竖向或边置等编排处理，甚至可以直接插入字群中，以新颖的版式来打破旧有的规律。

4. 文字编排的 4 种基本形式

页面里的正文部分是由许多单个文字经过编排组成的群体，要充分发挥这个群体形状在版面整体布局中的作用。

（1）两端均齐。文字从左端到右端的长度均齐，字群形成方方正正的面，显得端正、严谨、美观。

（2）居中排列。在字距相等的情况下，以页面中心为轴线排列，这种编排方式使文字更加突出，产生对称的形式美感。

（3）左对齐或右对齐。左对齐或右对齐使行首或行尾自然形成一条清晰的垂直线，很容易与图形配合。这种编排方式有松有紧，有虚有实，跳动而飘逸，产生节奏与韵律的形式美感。左对齐符合人们阅读时的习惯，显得自然；右对齐因不太符合阅读习惯而较少采用，但显得新颖。

（4）绕图排列。将文字绕图形边缘排列。如果将底图插入文字中，会令人感到融洽、自然。

（三）文字的强调

1. 行首的强调

将正文的第一个字或字母放大并作装饰性处理，嵌入段落的开头，这在传统媒体版式设计中称为"下坠式"。此技巧的发明溯源于欧洲中世纪的文稿抄写员。由于它有吸引视线、装饰和活跃版面的作用,所以被应用于网页的文字编排中。其下坠幅度应跨越一个完整字行的上下幅度。至于放大多少,则依据所处网页环境而定。

2. 引文的强调

在进行网页文字编排时,常常会碰到提纲挈领性的文字,如引文。引文可概括一个段落、一个章节或全文大意,因此在编排上应给予特殊的页面位置和空间来强调。引文的编排方式多种多样,如将引文嵌入正文的左右侧、上方、下方或中心位置等,并且可以在字体或字号上与正文相区别而产生变化。

3. 个别文字的强调

如果将个别文字作为页面的诉求重点,则可以通过加粗、加框、加下划线、加指示性符号、倾斜字体等手段有意识地强化文字的视觉效果,使其在页面整体中显得出众而夺目。另外,改变某些文字的颜色,也可以使这部分文字得到强调。这些方法实际上都是运用了对比的法则。

(四)文字的颜色

在网页设计中,设计者可以为文字、文字链接、已访问链接和当前活动链接选用各种颜色。例如,如果使用 FrontPage 编辑器,默认的设置是这样的:正常字体颜色为黑色,默认的链接颜色为蓝色,鼠标单击之后又变为紫红色。使用不同颜色的文字可以使想要强调的部分更加引人注目,但应该注意的是,对于文字的颜色,只可少量运用,如果什么都想强调,其实是什么都没有强调。况且,在一个页面上运用过多的颜色,会影响浏览者阅读页面内容,除非你有特殊的设计目的。

颜色的运用除了能够起到强调整体文字中特殊部分的作用外,对于整个文案的情感表达也会产生影响。这涉及色彩的情感象征性问题,限于篇幅,在这里不做深入探讨。

另外需要注意的是,文字颜色的对比度,包括明度上的对比、纯度上的对比以及冷暖的对比。这些不仅对文字的可读性发生作用,更重要的是,可以通过对颜色的运用实现想要的设计效果、设计情感和设计思想。

任务 网页效果图的设计与制作

【知识目标】

(1) 了解网页配色。
(2) 了解背景设计与制作。
(3) 掌握栏目标题设计与制作。
(4) 掌握导航栏设计与制作。
(5) 掌握生成页面效果图。

【能力目标】

能利用 Photoshop 软件设计制作网页效果图。

【任务实施】

一、网页配色

网页的色彩是树立网站形象的关键之一,色彩搭配却是网友们感到头疼的问题。网页的背景、文字、图标、边框、超链接等应该采用什么样的色彩,应该搭配什么色彩才能更好地表达出预想的内涵呢?首先来了解一些色彩的基本知识。

(1) 颜色是因为光的折射而产生的。

(2) 红、黄、蓝是三原色,其他的色彩都可以用这 3 种色彩调和而成。网页 HTML 语言中的色彩表达即是用这 3 种颜色的数值表示。例如,红色的 RGB 值为 (255, 0, 0),十六进制的表示方法为 (FF0000);白色为 (FFFFFF),我们经常看到的"bgColor = #FFFFFF"就是指背景色为白色。

(3) 颜色分为非彩色和彩色两类。非彩色是指黑、白、灰系统色,彩色是指除了非彩色以外的所有色彩。

(4) 任何色彩都有饱和度和透明度的属性,通过属性的变化可产生不同的色相,所以至少可以制作几百万种色彩。

网页制作用彩色还是非彩色好呢?根据专业的机构研究表明,彩色的记忆效果是黑白的 3.5 倍。也就是说,在一般情况下,彩色页面较完全黑白页面更加吸引人。

通常的做法是:主要内容文字用非彩色(黑色),边框、背景、图片用彩色。这样页面整体不单调,看主要内容时也不会眼花。

1. 非彩色的搭配

黑白是最基本、最简单的搭配,白字黑底,黑底白字都非常清晰明了。灰色是万能色,可以和任何彩色搭配,也可以帮助两种对立的色彩和谐过渡。如果实在找不出合适的色彩,那么用灰色试试,效果绝对不会太差。

2. 彩色的搭配

色彩千变万化,彩色的搭配是研究的重点。下面依然需要进一步学习一些色彩的知识。

(1) 色环。将色彩按"红→黄→绿→蓝→红"依次过渡渐变,就可以得到一个色彩环。色环的两端是暖色和寒色,中间是中型色,如图 2-1 所示。

红.橙.橙黄.黄.黄绿.绿.青绿.蓝绿.蓝.蓝紫.紫.紫红.红

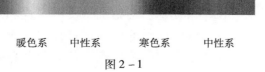

暖色系　　中性系　　寒色系　　中性系

图 2-1

（2）色彩的心理感觉。不同的颜色会给浏览者不同的心理感受。

红色：是一种激奋的色彩。刺激效果强，能使人产生冲动、愤怒、热情、活力的感觉，可以表现热情、奔放、喜悦、庄严的情绪。

绿色：介于冷暖两种色彩的中间，给人和睦、宁静、健康、安全的感觉，代表植物、生命、生机。它和金黄、淡白搭配，可以产生优雅、舒适的气氛。

橙色：也是一种激奋的色彩，具有轻快、欢欣、热烈、温馨、时尚的效果。

黄色：具有快乐、希望、智慧和轻快的个性，它的明度最高，可以表达高贵、富有、灿烂、活泼。

蓝色：是最具凉爽、清新、专业的色彩。它和白色混合，能体现柔顺、淡雅、浪漫、天空、清爽、科技的气氛（像天空的色彩）。

白色：具有洁白、明快、纯真、清洁的效果，代表纯洁、简单、洁净。

黑色：具有深沉、神秘、寂静、悲哀、压抑的效果，代表严肃、夜晚、沉着。

灰色：具有中庸、平凡、温和、谦让、中立和高雅的效果，代表庄重、沉稳。

紫色：具有浪漫、富贵的效果。

棕色：具有大地、厚朴的效果。

每种色彩在饱和度、透明度上略微变化就会产生不同的感觉。以绿色为例，黄绿色有青春、旺盛的视觉意境，而蓝绿色则显得幽宁、阴深。黄色是阳光的色彩，具有活泼与轻快的特点，给人十分年轻的感觉。黄色也代表着土地，象征着权力，并且还具有神秘的宗教色彩。浅黄色系明朗、愉快、活泼、希望。中黄色给人崇高、尊贵、辉煌、注意、扩张的心理感受。深黄色给人高贵、温和、内敛、稳重的心理感受。

3. 网页色彩搭配的原理

（1）色彩的鲜明性。网页的色彩要鲜艳，引人注目。

（2）色彩的独特性。要有与众不同的色彩，使得大家对之印象强烈。

（3）色彩的合适性。就是说色彩和要表达的内容气氛相适合。如用粉色体现女性站点的柔性。

（4）色彩的联想性。不同色彩会产生不同的联想，如可由蓝色想到天空、黑色想到黑夜、红色想到喜事等，选择的色彩要和网页的内涵相关联。

4. 网页色彩掌握的过程

随着网页制作经验的积累，用色有这样一个趋势：单色→五彩缤纷→标准色→单色。一开始因为技术和知识缺乏，只能制作出简单的网页，色彩单一；在有一定基础和材料后，希望制作一个漂亮的网页，将自己收集的最好图片、最满意色彩堆砌在页面上；但是时间一长，却发现色彩杂乱，没有个性和风格；第三次重新定位自己的网站，选择好切合自己的色彩，推出的站点往往比较成功；当最后设计理念和技术达到顶峰时，则又返璞归真，用单一色彩甚至非彩色就可以设计出简洁、精美的站点。

5. 网页色彩搭配的技巧

（1）用一种色彩。这里是指先选定一种色彩，然后调整透明度或者饱和度（说得通俗些就是将色彩变淡或者加深），产生新的色彩，用于网页。这样的页面看起来色彩统一，有层次感。

（2）用两种色彩。先选定一种色彩，然后选择它的对比色（在 Photoshop 中按 Ctrl + Shift + I 组合键）。作者的主页用蓝色和黄色就是这样确定的。整个页面色彩丰富但不花哨。

①色的色感温暖，性格刚烈而外向，是一种对人刺激性很强的颜色。红色容易引起人的注意，也容易使人兴奋、激动、紧张、冲动，还是一种容易造成人视觉疲劳的颜色。

a. 在红色中加入少量的黄，会使其热力强盛，趋于躁动、不安。

b. 在红色中加入少量的蓝，会使其热性减弱，趋于文雅、柔和。

c. 在红色中加入少量的黑，会使其性格变得沉稳，趋于厚重、朴实。

d. 在红色中加入少量的白，会使其性格变得温柔，趋于含蓄、羞涩、娇嫩。

②黄色的性格冷漠、高傲、敏感，具有扩张和不安宁的视觉效果。黄色是各种色彩中最为娇气的一种颜色。只要在纯黄色中混入少量的其他色，其色相感和色性格均会发生较大程度的变化。

a. 在黄色中加入少量的蓝，会使其转化为一种鲜嫩的绿色。其高傲的性格也随之消失，趋于一种平和、潮润的视觉效果。

b. 在黄色中加入少量的红，则具有明显的橙色感，其性格也会从冷漠、高傲转化为一种有分寸感的热情、温暖。

c. 在黄色中加入少量的黑，其色感和色性变化最大，成为一种具有明显橄榄绿的复色效果。其色性也变得成熟、随和。

d. 在黄色中加入少量的白，其色感变得柔和，其性格中的冷漠、高傲被淡化，趋于含蓄，易于接近。

③蓝色的色感冷静，性格朴实而内向，是一种有助于人头脑冷静的颜色。蓝色的朴实、内向性格，常为那些性格活跃、具有较强扩张力的色彩提供一个深远、广埔、平静的空间，成为衬托活跃色彩的友善而谦虚的朋友。蓝色还是一种在淡化后仍然似能保持较强个性的颜色。如果在蓝色中分别加入少量的红、黄、黑、橙、白等色，均不会对蓝色的性格构成较明显的影响力。

a. 如果在橙色中黄的成分较多，其性格趋于甜美、靓丽、芳香。

b. 在橙色中混入少量的白，可使橙色的知觉趋于焦躁、无力。

④绿色是具有黄色和蓝色两种成分的颜色。在绿色中，将黄色的扩张感和蓝色的收缩感相中庸，将黄色的温暖感与蓝色的寒冷感相抵消。这样使得绿色的性格最为平和、安稳，是一种柔顺、恬静、满足、优美的颜色。

a. 在绿色中黄的成分较多时，其性格就趋于活泼、友善，具有幼稚性。

b. 在绿色中加入少量的黑，其性格就趋于庄重、老练、成熟。

c. 在绿色中加入少量的白，其性格就趋于洁净、清爽、鲜嫩。

⑤紫色的明度在有彩色的色料中是最低的。紫色的低明度给人一种沉闷、神秘的感觉。

a. 在紫色中红的成分较多时，其知觉具有压抑感、威胁感。

b. 在紫色中加入少量的黑，其感觉就趋于沉闷、伤感、恐怖。

c. 在紫色中加入白，可使紫色沉闷的性格消失，变得优雅、娇气，并充满女性的魅力。

⑥白色的色感光明，性格朴实、纯洁、快乐。白色具有圣洁的不容侵犯性。如果在白色中加入其他任何色，都会影响其纯洁性，使其性格变得含蓄。

a. 在白色中混入少量的红，就成为淡淡的粉色，鲜嫩而充满诱惑。

b. 在白色中混入少量的黄，则成为一种乳黄色，给人一种香腻的印象。

c. 在白色中混入少量的蓝，给人清冷、洁净的感觉。

d. 在白色中混入少量的橙，有一种干燥的气氛。

e. 在白色中混入少量的绿，给人一种稚嫩、柔和的感觉。

f. 在白色中混入少量的紫，可诱导人联想到淡淡的芳香。

（3）用一个色系。简单地说，就是用一个感觉的色彩，如淡蓝、淡黄、淡绿或者土黄、土灰、土蓝。确定色彩的方法因人而异，可以是在 Photoshop 里按前景色方框，在跳出的拾色器窗口中选择"自定义"，然后在"色库"中选择就可以了。

（4）用黑色和一种彩色。如大红的字体配黑色的边框感觉很"跳"。

6. 网页配色忌讳

（1）不要将所有颜色都用到，尽量控制在 3 种色彩以内。

（2）背景和前文的对比尽量要大（绝对不要用花纹繁复的图案作背景），以便突出主要文字内容。

7. 色彩搭配要遵循的原则

（1）同类色搭配，如天蓝色、海蓝色、深蓝色的搭配，都属于同一色系，如蓝色系。这样配色比较保守，当然也比较安全。不会出现很大的色彩问题，不过比较呆板、单调。如果能加入一点白色作为点缀色，则画面会显得很稳定、柔和。

（2）邻近色搭配，如黄色、橙色、红色的搭配。也就是色相环中相邻的色彩搭配，这样的搭配比较有层次感，表现也比较丰富。

（3）对比色搭配，也称互补色搭配，如黄和蓝、紫和绿、红和青，注意别理解错了，并不是说紫色和黄色就不是对比色了。宽松点说紫色和黄色也是对比色，只是在明度上两者的差距很大。

（4）如果从色彩搭配的角度考虑突出主题，以下几种方法可以起到很大的作用。

①拉开同类色、邻近色、对比色的明度对比，也就是说，一个色暗一点，另一个色亮一点。

②通过色相（冷色和暖色）来拉开层次和对比。从色彩的心理学上讲，冷色具有后

退感，暖色具有前进感。相信各位同学都看到过会议室装了一幅窗帘，采用黄色主色调，这样给人一种暖和的心理感觉，同时暖色也有一种空间上的逼迫感、前进感，给人一种空间小的感觉，自然就会给人有暖和的心理感觉。当然从物理上讲，室内温度和之前相比并没有很大的变化，只是心理上有了变化。台灯也是如此，播放劲爆歌曲也是如此。所以，如果以冷色设计作为背景，暖色设计作为广告（画面）的"前景"，会产生很明显的心理对比，当然这也不是绝对的定论！

8. 色彩处理

色彩是人的视觉最敏感的东西。主页的色彩处理得好，可以锦上添花，达到事半功倍的效果。色彩总的应用原则应该是"总体协调，局部对比"，也就是主页的整体色彩效果应该是和谐的，只有局部的、小范围的地方可以有一些强烈色彩的对比。在色彩的运用上，可以根据主页内容的需要，分别采用不同的主色调。因为色彩具有象征性，如嫩绿色、翠绿色、金黄色、灰褐色就可以分别象征着春、夏、秋、冬。其次还有职业的标志色，如军警的橄榄绿、医疗卫生的白色等。色彩还具有明显的心理感觉，如冷暖的感觉、进退的效果等。另外，色彩还有民族性，各个民族由于环境、文化、传统等因素的影响，对于色彩的喜好也存在着较大的差异。充分运用色彩的这些特性，可以使主页具有深刻的艺术内涵，从而提升主页的文化品位。下面介绍几种常用的配色方案。

（1）暖色调。即红色、橙色、黄色、赭色等色彩的搭配。这种色调的运用，可使主页呈现温馨、和煦、热情的氛围。

（2）冷色调。即青色、绿色、紫色等色彩的搭配，这种色调的运用可使主页呈现宁静、清凉、高雅的氛围。

（3）对比色调。即把色性完全相反的色彩搭配在同一个空间里，如红与绿、黄与紫、橙与蓝等。这种色彩的搭配可以使人产生强烈的视觉效果，给人靓丽、鲜艳、喜庆的感觉。当然，对比色调如果用得不好，会适得其反，产生俗气、刺眼的不良效果。这就要把握"大调和，小对比"这一重要原则，即总体的色调应该是统一和谐的，局部的地方可以有些小的强烈对比。

最后，还要考虑主页底色（背景色）的深、浅，这里借用摄影中的一个术语，就是"高调"和"低调"。底色浅的称为高调；底色深的称为低调。底色深，文字的颜色就要浅，以深色的背景衬托浅色的内容（文字或图片）；反之，底色淡的，文字的颜色就要深些，以浅色的背景衬托深色的内容（文字或图片）。这种深浅的变化在色彩学中称为"明度变化"。有些主页，底色是黑的，但文字也选用了较深的色彩，由于色彩的明度比较接近，读者在阅览时眼睛就会感觉很吃力，影响了阅读效果。当然，色彩的明度也不能变化太大；否则屏幕上的亮度反差太强，同样也会使读者的眼睛受不了。

二、背景设计与制作

（1）纯色背景，如图 2-2 所示。

图 2-2

(2) 渐变背景,如图 2-3 所示。

图 2-3

(3) 整图背景，如图 2-4 所示。

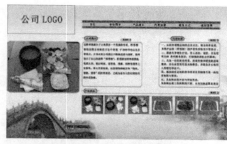

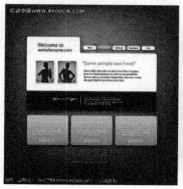

图 2-4

(4) 分图背景，如图 2-5 所示。

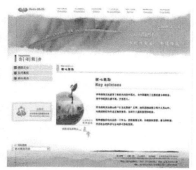

图 2-5

(5) 图案背景，如图 2-6 所示。

图 2-6

三、栏目标题设计与制作

网页栏目是指网站建设的主要板块内容，一般指网站导航栏目、二级栏目、三级栏目等，主要是为了方便用户快速找到自己想要了解的东西，增强用户体验。

软件用户界面（Software User Interface，SUI）是指软件用于和用户交流的外观、部件和程序等。如果你经常上网，会看到很多软件设计很朴素，给人一种很舒服的感觉；有的软件很有创意，能给人带来意外的惊喜和视觉的冲击；而相当多的软件页面上充斥着怪异的字体、花哨的色彩和图片，给人网页制作粗劣的感觉。软件界面的设计，既要从外观上进行创意以达到吸引眼球的目的，还要结合图形和版面设计的相关原理，从而使软件设计变成一门独特的艺术。通常企业软件用户界面的设计应遵循以下几个基本原则。

1. 用户导向（Useroriented）原则

设计网页首先要明确到底谁是使用者，要站在用户的观点和立场上来考虑设计软件。要做到这一点，必须要和用户沟通，了解他们的需求、目标、期望和偏好等。网页的设计者要清楚，用户之间差别很大，他们的能力各有不同。比如：有的用户可能会在视觉方面有欠缺（如色盲），对很多颜色分辨不清；有的用户听觉也会有障碍，对于软件的语音提示反应迟钝；而且相当一部分用户的计算机使用经验很初级，对于复杂一点的操作会感觉到很费力。另外，用户使用的计算机配置也是千差万别，包括显卡、声卡、内存、网速、操作系统以及浏览器等都会有所不同。如果设计者忽视了这些差别，设计出的网页在不同的机器上显示就会造成混乱。

2. KISS（Keep it Simple and Stupid）原则

KISS 就是简洁和易于操作，这是网页设计的最重要原则。毕竟软件编制出来是用于普通网民来查阅信息和使用网络服务，没有必要在网页上设置过多的操作，堆集上很多复杂和花哨的图片。该原则的一般要求：网页的下载不要超过 10 秒钟（普通的拨号用户 56 Kbps 网速）；尽量使用文本链接，而减少大幅图片和动画的使用；操作设计尽量简单,并且有明确的操作提示;软件所有的内容和服务都在显眼处向用户加以说明等。

3. 布局控制

关于网页排版布局方面,很多网页设计者重视不够,因此网页排版设计得过于死板,甚至照抄他人。如果网页的布局凌乱,仅仅把大量的信息堆集在页面上,会干扰浏览者的阅读。一般在网页设计上所要遵循的原理如下。

(1) Miller 公式。根据心理学家 George A. Miller 的研究表明,人一次性接受的信息量以 7 个比特左右为宜。总结一个公式为:一个人一次所接受的信息量为 (7 ± 2) 比特。这一原理被广泛应用于软件编制中,一般网页上面的栏目选择最佳在 5~9 个之间,如果软件所提供给浏览者选择的内容链接超过这个区间,人在心理上就会烦躁、压抑,让人感觉到信息太密集、看不过来、很累。例如,Aol. com 的栏目设置 Main、MyAol、Mail、People、Search、Shop、Channels 和 Devices 共 8 个分类;Msn. com 的栏目设置 MSN Home、My MSN、Hotmail、Search、Shopping、Money 和 People & Chat 共 7 项。然而很多国内的软件在栏目的设置上远远超出这个区间。

(2) 分组处理。上面提到,对于信息的分类不能超过 9 个栏目。但如果你的内容实在很多,超出了 9 个,需要进行分组处理。如果你的网页上提供几十篇文章的链接,需要每隔 7 篇加一个空行或平行线做一分组。如果你的软件内容栏目超出 9 个,如微软公司的软件,共有 11 个栏目,超过了 9 个,就要进行分组。

4. 视觉平衡

网页设计时,要使各种元素(如图形、文字、空白)都有视觉作用。根据视觉原理,图形与一块文字相比较,图形的视觉作用要大些。所以,为了达到视觉平衡,在设计网页时需要以更多的文字来平衡一幅图片。另外,按照中国人的阅读习惯是从左到右、从上到下,因此视觉平衡也要遵循这个道理。例如,如果很多文字是采用左对齐〈Align = left〉,那么需要在网页的右面加一些图片或一些较明亮、较醒目的颜色。一般情况下,每张网页都会设置一个页眉部分和一个页脚部分,页眉部分常放置一些 Banner 广告或导航条,而页脚部分通常放置联系方式和版权信息等,页眉和页脚在设计上也要注重视觉平衡。同时,也决不能低估空白的价值。如果你的网页上所显示的信息非常密集,不但不利于读者阅读,甚至会引起读者反感,破坏该软件的形象。在网页设计上,应适当增加一些空白,精练你的网页,使页面变得简洁。

5. 色彩的搭配和文字的可阅读性

颜色是影响网页的重要因素,不同的颜色对人的感觉有不同的影响。例如,红色和橙色使人兴奋并使得心跳加速;黄色使人联想到阳光,是一种快活的颜色;黑色显得比较庄重。因此应考虑到你希望对浏览者产生什么影响,从而为网页设计选择合适的颜色(包括背景色、元素颜色、文字颜色、链接颜色等)。

为方便阅读软件上的信息,可以参考报纸的编排方式将网页的内容分栏设计,即使是两栏也比一满页的视觉效果要好。另一种能够提高文字可读性的因素是所选择的字体,通用的字体(Arial、Courier New、Garamond、Times New Roman、中文宋体)最易阅读，特殊字体用于标题效果较好，但不适合正文。如果在整个页面使用一些特殊字体（如 Cloister、Gothic、Script、Westminster、华文彩云、华文行楷），这样读者阅读起来感觉一定很糟糕。该类特殊字体如果在页面上大量使用，会使阅读颇为费力，浏览者的眼睛很快就会疲劳，不得不转移到其他页面。

6. 和谐与一致性

通过对软件的各种元素（颜色、字体、图形、空白等）使用一定的规格，使得设计良好的网页看起来是和谐的。或者说，软件的众多单独网页应该看起来像一个整体。软件设计上要保持一致性，这又是很重要的一点。一致的结构设计，可以让浏览者对软件的形象有深刻的记忆；一致的导航设计，可以让浏览者迅速而又有效地进入在软件中自己所需要的部分；一致的操作设计，可以让浏览者快速学会整个软件的各种功能操作。破坏这一原则就会误导浏览者，并且让整个软件显得杂乱无章，给人留下不良的印象。当然，软件设计的一致性并不意味着刻板和一成不变，有的软件在不同栏目使用不同的风格，或者随着时间的推移不断改版软件，会给浏览者带来新鲜的感觉。

7. 个性化

1）符合网络文化

企业软件不同于传统的企业商务活动，要符合 Internet 网络文化的要求。首先，网络最早是非正式性、非商业化的，只是科研人员用来交流信息。其次，网络信息是只在计算机屏幕上显示而没有打印出来阅读，网络上的交流具有隐蔽性，谁也不知道对方的真实身份。另外，许多人在上网时是在家中或网吧等一些比较休闲、比较随意的环境下。此时网络用户的使用环境所蕴涵的思维模式与坐在办公室里西装革履的时候大相径庭。因此，整个互联网的文化是一种休闲的、非正式性的、轻松活泼的文化。在软件上使用幽默的网络语言，创造一种休闲的、轻松愉快、非正式的氛围会使软件的访问量大增。

2）塑造软件个性

软件的整体风格和整体气氛表达要同企业形象相符合，并应该很好地体现企业 CI。在这方面比较经典的案例有：可口可乐个性鲜明的前卫软件"Life Tastes Good"；工整、全面、细致的通用电气公司软件"We bring good things to life（GE 带来美好的生活）"；崇尚科技创新文化的 3M 公司软件"Creating solutions for business、industry and home"；刻意扮演一个数字电子娱乐之集大成者的角色，要成为新时代梦想实现者的索尼软件；平易近人、亲情浓郁、体现"以人为本"的企业定位和营销策略的通用汽车公司软件；服务全面、细致、方便，处处体现"宾至如归"服务理念的希尔顿大酒店软件。

四、导航栏设计与制作

导航栏在网站中起到的作用是非常大的，就相当于指路牌，可以引导用户快速到达想要浏览的地方，让用户使用最短的时间找到所需要的内容。当然在导航中并不能将网站内的所有内容都进行一一的展示，但是合理的导航设置却可以让用户在浏览网站时收到事半功倍的效果，因此对于网站导航栏的设置是网站建设中需要注意的地方。

1. 建设网站初期选择好导航的表现形式

对于网站建设中的导航设置，往往都是根据网站内容来决定的，对于大多数的网站来讲，水平式的导航是最为常见的，而且水平式导航栏的优点在于对那些内容较少的网站，更能突出网站的重点。而对于内容相对较多的网站，就需要考虑下拉式的导航形式来进行表现。

2. 导航栏通常采用文字的形式

导航栏对于网站的作用，许多网站建设者都能够理解它的重要性，因此许多网站开发者就企图采用一些图片或者动画的处理方式来展现，虽然这样的导航栏会让人觉得有炫酷的感觉，但是在网站的后续运行中，却非常不利于网站的加载速度，让用户在浏览网页时感觉到网站速度过慢，降低用户对网站的体验。因此，导航栏的内容设置都是采用文字的形式。

3. 导航分类的数量代表了网站内容的多少

对于内容比较多的网站来讲，会采用下拉式导航设置，而导航栏的数量设置也决定了网站内容主要分为哪几个部分。对于导航栏的设置，不仅要让用户在最短的时间内找到自己想要的信息，同时也不能让用户感觉到导航栏中内容过多，引起用户浏览反感。

4. 导航内链接设置要准确

导航栏的作用就是为用户提供准确的链接内容，因此在导航栏内容设置好后，对于导航内容的链接也要做到准确、细致，以免用户通过导航栏打开的内链不是想要的内容。

五、生成页面效果图

生成页面效果图如图 2-7 所示。

图 2-7

生成步骤如下。

（1）创建一个新的 Photoshop 文件（按 Ctrl + N 组合键），设置"宽度"为 1 000 像素，"高度"为 950 像素，"颜色模式"为 RGB。在默认背景层上双击，然后按 Enter 键在打开的"新建"图层对话框，解锁背景层，如图 2 - 8 所示。

图 2 - 8

将前景色设置为#EBEBEB，按 Alt + Delete 组合键填充颜色，然后执行"滤镜"→"杂色"→"添加杂色"菜单命令，设定参数为 2%。

（2）自定义 3 个图案样式

①新建一个 38 × 38 像素大小的 Photoshop 文档，使用矩形选框工具（M）/自由变换（按 Ctrl + T 组合键）或铅笔工具创建一个对角线图案，确保背景层是透明的，然后执行"编辑"→"定义图案"菜单命令，保存图案，如图 2 - 9 所示。

②创建一个 3 × 3 像素大小的 Photoshop 文档，使用矩形选框工具创建 3 个黑色方块，如图 2 - 10 所示，保存图案。

③创建一个 130 × 20 像素大小的 Photoshop 文档，绘制图案如图 2 - 11 所示，并保存。

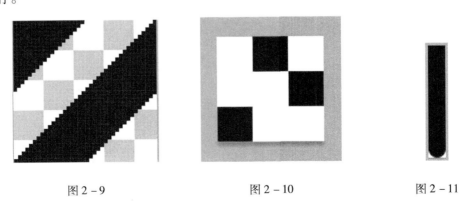

图 2 - 9   图 2 - 10   图 2 - 11

（3）创建标题栏。新建一个图层并命名为标题栏，用矩形选框工具创建一个高度为 130 像素、宽度为 950 像素的选区，执行"编辑"→"填充"菜单命令，"自定图案"选择图 2 - 11 所示图案，如图 2 - 12 所示。

图 2 – 12

双击标题栏图层,添加图层"样式"为"渐变叠加",参数如图 2 – 13 所示。

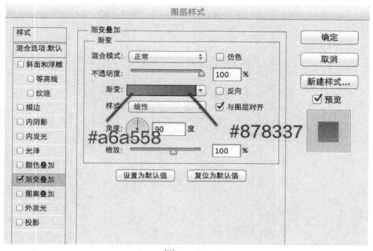

图 2 – 13

右击标题栏图层,将其转化为智能对象,然后栅格化。添加杂色参数为 2%,按住 Ctrl 键单击该图层,新建图层,执行"编辑"→"填充"菜单命令,"自定图案"选择图 2 – 10 所示的图案,如图 2 – 14 所示。

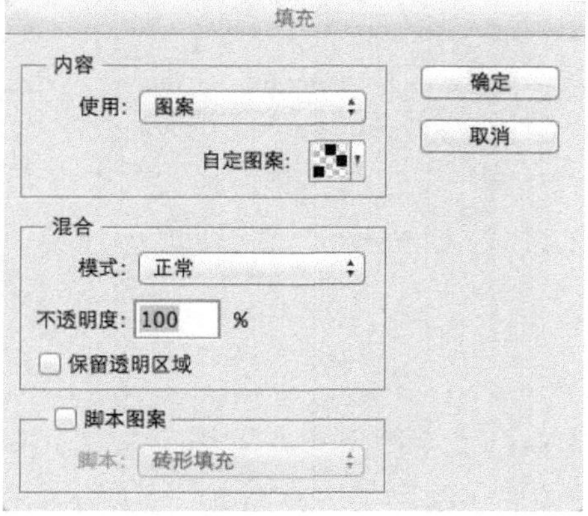

图 2 – 14

下载划痕笔刷，新建图层，前景色为白色，刷出图 2-15 所示效果，将不透明度降低为 15%。

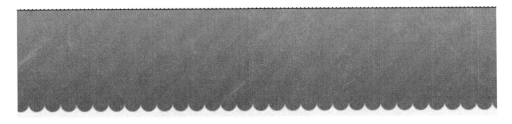

图 2-15

（4）添加网站 Logo。在标题栏左边新建文字图层，添加 Logo 文字 Calaka，如图 2-16 所示，字体为 Lobster，打开"图层样式"对话框添加一个投影，参数如图 2-17 所示。

图 2-16

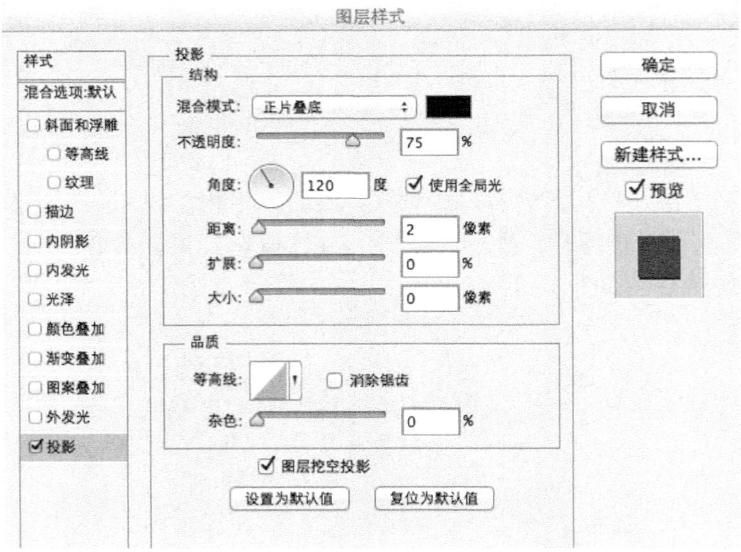

图 2-17

复制文字图层，并将复制的文字图层放在下面，向右下方移动（右 4 像素、下 4 像素），按住 Ctrl 键单击复制的文字图层，填充图 2-16 所示的图案，如图 2-18 所示。

图 2-18

（5）创建导航栏。首先添加 4 个导航文字，每个导航为一个图层，全选导航图层并执行"图层"→"对齐"→"垂直居中"命令，圆角矩形工具为主页栏添加一个背景层，并设置图层样式，如图 2-19 所示。

图 2-19

"描边"设置如图 2-20 所示。

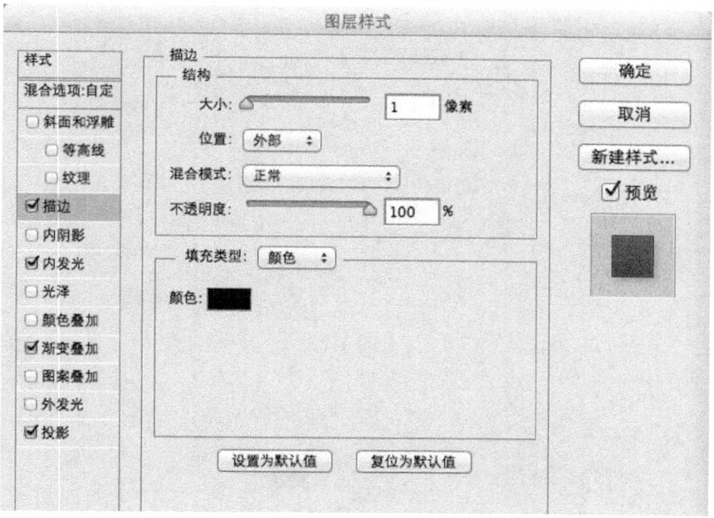

图 2-20

"内发光"设置如图 2-21 所示。
"渐变叠加"设置如图 2-22 所示。
"投影"设置如图 2-23 所示。
将该图层的模式改为叠加，不透明度为 62%，效果如图 2-24 所示。
（6）创建介绍文字，可以下载提供的字体，也可以选择别的字体，如图 2-25 所示。

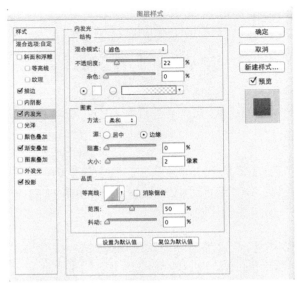

图 2-21

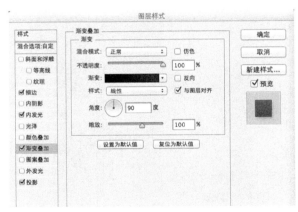

图 2-22

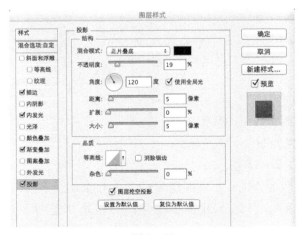

图 2-23

图 2－24

图 2－25

（7）创建作品展示区。首先，为了排版整齐要创建图 2－26 所示的参考线，新建图层绘制一个矩形，填充白色，描边 1 像素黑色（图层样式），再新建一个图层用黑色画笔画出投影，将投影层放在下面，如图 2－26 和图 2－27 所示。

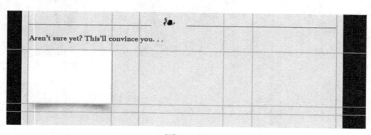

图 2－26

图 2－27

导入照片，并修改照片的大小，放在方框图层之上，如图 2－28 所示。

图 2－28

(8) 创建页脚。加入网站版权信息，最终效果如图 2-29 所示。

图 2-29

学习情境三

网页素材设计与制作

网页设计与制作

任务一　提取图片元素

【知识目标】

（1）掌握切片的制作。

（2）掌握切片的存储。

【能力目标】

能利用 Photoshop 软件设计制作切片，提取图片素材。

【任务实施】

（1）打开网页效果图，如图 3-1 所示。

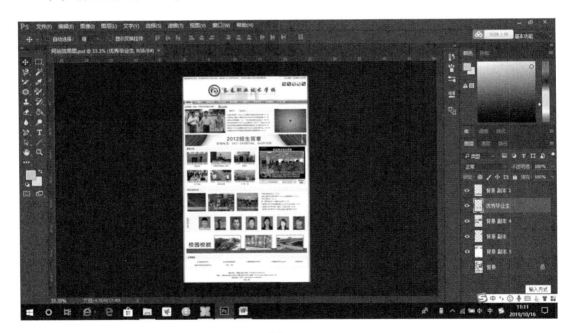

图 3-1

（2）加上参考线，如图 3-2 所示。

（3）选择工具栏的切片工具，如图 3-3 所示。

（4）进行切片，如图 3-4 所示。

（5）单击文件下的存储为 Web 所用格式，如图 3-5 所示。

这样网页素材图片就制作完成了。

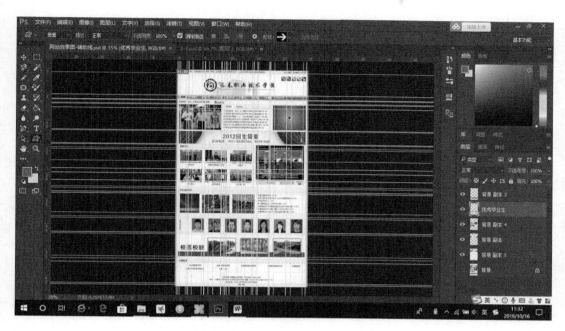

图 3-2

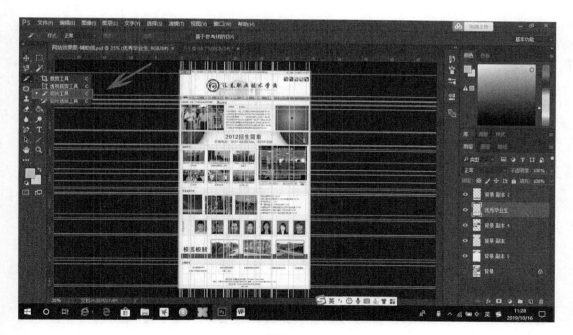

图 3-3

网页设计与制作

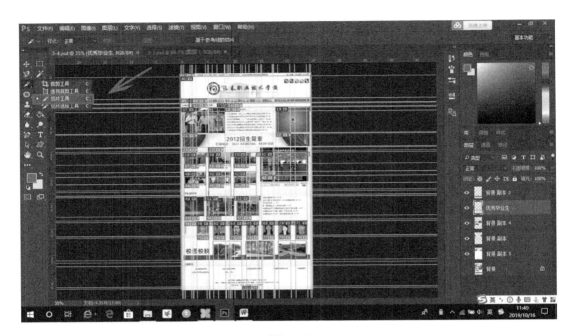

图 3-4

图 3-5

1. Logo 设计的原则

Logo 设计不仅是实用物的设计，也是一种图形艺术的设计。它与其他图形艺术表现手段既有相同之处，又有自己的艺术规律。必须体现前述的特点，才能更好地发挥其功能。由于对其简练、概括、完美的要求十分苛刻，即要完美到几乎找不到更好的替代方案，其难度比之其他任何图形艺术设计都要大得多。

（1）设计应在详尽明了设计对象的使用目的、适用范畴及有关法规等有关情况和深刻领会其功能性要求的前提下进行。

（2）设计须充分考虑其实现的可行性，针对其应用形式、材料和制作条件采取相应的设计手段。同时还要顾及应用于其他视觉传播方式（如印刷、广告、映像等）或放大、缩小时的视觉效果。

（3）设计要符合作用对象的直观接受能力、审美意识、社会心理和禁忌。

（4）构思须慎重推敲，力求深刻、巧妙、新颖、独特，表意准确，能经受住时间的考验。

（5）构图要凝练、美观、适形（适应其应用物的形态）。

（6）图形、符号既要简练、概括，又要讲究艺术性。

（7）色彩要单纯、强烈、醒目。

（8）遵循 Logo 设计的艺术规律，创造性地探求恰当的艺术表现形式和手法，锤炼出精当的艺术语言，使所设计的 Logo 具有高度的整体美感，获得最佳视觉效果。图标 Logo 艺术除具有一般的设计艺术规律（如装饰美、秩序美等）外，还有其独特的艺术规律。

①符号美。Logo 艺术是一种独具符号艺术特征的图形设计艺术。它把来源于自然、社会以及人们观念中认同的事物形态、符号（包括文字）、色彩等，经过艺术的提炼和加工，使之构成具有完整艺术性的图形符号，从而区别于装饰图和其他艺术设计。Logo 图形符号在某种程度上带有文字符号式的简约性、聚集性和抽象性，甚至有时直接利用现成的文字符号，但不同于文字符号。它是以"图形"的形式体现的（现成的文字符号须经图形化改造），更具鲜明形象性、艺术性和共识性。符号美是 Logo 设计中最重要的艺术规律。Logo 艺术就是图形符号的艺术。

②特征美。特征美也是 Logo 独特的艺术特征。Logo 图形所体现的不是个别事物的个别特征（个性），而是同类事物整体的本质特征（共性），即类别特征。通过对这些特征的艺术强化与夸张，获得共识的艺术效果。这与其他造型艺术通过有血有肉的个性刻画获得感人的艺术效果是迥然不同的。但它对事物共性特征的表现又不是千篇一律和概念化的，同一共性特征在不同设计中可以而且必须各具不同的个性形态美，从而各具独特艺术魅力。

③凝炼美。构图紧凑、图形简练是 Logo 艺术必须遵循的结构美原则。Logo 设计不仅单独使用，而且经常用于各种文件、宣传品、广告、映像等视觉传播物之中。具有凝练美的 Logo，不仅在任何视觉传播物中（不论放得多大或缩得多小）都能显现出自身独立完整的符号美，而且还对视觉传播物产生强烈的装饰美感。凝练不是简单，凝练的结构美只有经过精到的艺术提练和概括才能获得。

④单纯美。Logo 艺术语言必须单纯再单纯，力戒冗杂。一切可有可无、可用可不用的图形、符号、文字、色彩坚决不用；一切非本质特征的细节坚决剔除；能用一种艺术手段表现的就不用两种；能用一点一线一色表现的决不多加一点一线一色。高度单纯而又具有高度美感，正是 Logo 设计艺术之难度所在。

2. Logo 设计的表现手法

（1）表象手法。采用与其对象直接关联而具典型特征的形象，直述 Logo 的目的。这种手法直接、明确、一目了然，易于迅速理解和记忆，如表现出版业以书的形象、表现铁路运输业以火车头的形象、表现银行业以钱币的形象为 Logo 图形等。

（2）象征手法。采用与 Logo 内容有某种意义的联系的事物图形、文字、符号、色彩等，以比喻、形容等方式象征对象的抽象内涵。如用交叉的镰刀斧头象征工农联盟。象征性设计往往采用已为社会约定俗成认同的关联物象作为有效代表物。例如，用鸽子象征和平，用雄狮、雄鹰象征英勇，用日、月象征永恒，用松鹤象征长寿，用白色象征纯洁，用绿色象征生命等。这种手段蕴含深邃，适应社会心理，为人们喜闻乐见。

（3）寓意手法。采用与 Logo 含义相近似或具有寓意性的形象，以影射、暗示、示意的方式表现内容和特点，如用伞的形象暗示防潮湿，用玻璃杯的形象暗示易破碎，用箭头形象示意方向等。

（4）模拟手法。用特性相近事物形象模仿或比拟所 Logo 对象特征或含义的手法，如日本全日空航空公司采用仙鹤展翅的形象比拟飞行和祥瑞、日本佐川急便车采用奔跑的人物形象比拟特快专递等。

（5）视感手法。采用并无特殊含义的简洁而形态独特的抽象图形、文字或符号，给人一种强烈的现代感、视觉冲击感或舒适感，引起人们注意并使其难以忘怀。这种手法不靠图形含义而主要靠图形、文字或符号的"视感"力量来表现。例如，日本五十铃公司以两个棱形为 Logo，李宁牌运动服将拼音字母 L 横向夸大等。为使人辨明事物，这种 Logo 往往还配有少量小字，一旦人们认同这个 Logo，去掉小字也能辨别它。

3. Logo 图形的表现形式

（1）具象形式。基本忠实于客观物象的自然形态，经过提炼、概括和变化，突出与夸张其本质特征，作为 Logo 图形。这种形式具有易识别的特点。

（2）意象形式。以某种物象的形态为基本意念，以装饰的、抽象的图形或文字符号来表现的形式。如中国民航的 Logo 图形就是以凤凰形态为意念，以抽象图形来表现的。

这种形式往往有更高的艺术格调和现代感。

（3）抽象形式。以完全抽象的几何图形、文字或符号来表现的形式。这种图形往往具有深邃的抽象含义、象征意味或神秘感。如联想集团的 Logo 用方中套圆的几何图形来象征博大深远的联想空间。也可没有更深刻的含义，仅表现 Logo 特征的，如夸大英文名称（或拼音字句）的字头等。这种形式往往具有更强烈的现代感和符号感，易于记忆。

4. Logo 的表现手法

（1）秩序化手法。均衡、均齐、对称、放射、放大或缩小、平行或上下移动、错位等有秩序、有规律、有节奏、有韵律地构成图形，给人以规整感。

（2）对比手法。色与色的对比，如黑白灰、红黄蓝等；形与形的对比，如大中小、粗与细、方与圆、曲与直、横与竖等，给人以鲜明感。

（3）点线面手法。可全用大中小点构成，阴阳调配变化；也可全用线条构成，粗细方圆曲直错落变化；也可纯粹用块面构成；也可点线面组合交织构成，给人以个性感和丰富感。

（4）矛盾空间手法。将图形位置上下左右正反颠倒、错位后构成特殊空间，给人以新颖感。

（5）共用形手法。两个图形合并在一起时，相互边缘线是共用的，仿佛你中有我、我中有你，从而组成一个完整的图形，如太极图的阴阳边缘线共用，给人以奇异感。

任务二　网站 Logo 设计与制作

【设计效果】

要求设计效果如图 3-6 所示。

图 3-6

【设计要求】

适应大部分场合需要。

【需求分析】

网站上的图标大多数情况下有两种形状，即圆形和方形（长方形），将学校校徽变化成这两种形状的 Logo。

【知识目标】

（1）掌握 Photoshop 基础工具常用方法。

（2）合理使用工具进行校徽变形设计。

【能力目标】

培养学生利用 Photoshop 基本操作来制作适用于网站的 Logo 设计。

【知识解析】

一、Photoshop 制作网络图片的基本概念

（1）位图。又称光栅图，一般用于照片品质的图像处理，是由许多像小方块一样的"像素"组成的图形。由其位置与颜色值表示，能表现出颜色阴影的变化。Photoshop 主要用于处理位图。

（2）矢量图。通常无法提供生成照片的图像物性，一般用于工程技术绘图，如灯光的质量效果很难在一幅矢量图中表现出来。

在网络广告设计中，必须使用位图的模式来显示图片，如果找到的素材是矢量图，也必须转换成位图的模式，因为矢量图不能直接在浏览器中显示，如果遇到某些特殊情况，一定要以矢量图显示，则需要把矢量图转换成 .swf 格式在网页中体现。

不是所有位图图片格式都可以显示在网页中，一般把图片转换成 .jpg、.png、.gif 格式，其中 .jpg 格式是最为普遍应用的图片格式，它可以用非常小的容量显示清晰的图片效果，.png 及 .gif 格式则可以显示背景透明的图片，.gif 的兼容性好，.png 的质量好，随着浏览器版本的提高，.gif 格式已经逐步被淘汰，.png 格式在 IE6 中是不被支持的，需要添加渲染插件。

（3）分辨率。每单位长度上的像素叫作图像的分辨率，简单讲即是计算机的图像给读者观看的清晰与模糊情况，分辨率有很多种，如屏幕分辨率、扫描仪的分辨率、打印分辨率等。

图像尺寸与图像大小及分辨率的关系：如图像尺寸大，分辨率大，文件较大，所占内存大，计算机处理速度会慢；相反，任意一个因素减少，处理速度都会加快。

使用 Photoshop 设计的网络图片，与传统印刷的分辨率有很大区别，传统的印刷分辨率通常是以厘米（cm）为单位，这对网络图片是不适用的，网络图片只显示在屏幕上，涉及不到印刷，所以用的是屏幕分辨率，也就是通常所说的像素，并且在"分辨率"栏中是 72 像素/英寸（1 英寸 = 2.54 厘米），如图 3 – 7 所示。

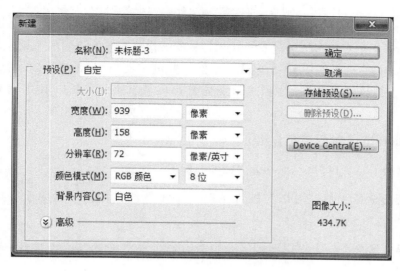

图 3-7

(4) 通道。在 Photoshop 中，通道是指色彩的范围，一般情况下，一种基本色为一个通道。如 RGB 颜色，R 为红色，所以 R 通道的范围为红色，G 为绿色，B 为蓝色。

(5) 图层。在 Photoshop 中，一般多是用到多个图层制作图像。每一层好像是一张透明纸，叠放在一起就是一幅完整的图像。对每一图层进行修改处理，对其他的图层不会造成任何的影响。

通道与图层是设计图片中比较重要的两个概念，在网络图片的设计中经常要用到，通道在调色、抠图时应用得比较多，图层则与传统印刷的应用并无不同，如这两个工具的使用方法掌握不熟练，可参考其他 Photoshop 的基本书籍。

图像的色彩模式如下。

(1) RGB 彩色模式。又叫加色模式，是屏幕显示的最佳颜色，由红、绿、蓝 3 种颜色组成，每种颜色可以有 0~255 的亮度变化。

(2) CMYK 彩色模式。由青色 Cyan、洋红色 Magenta、黄色 Yellow 组成，而 K 取的是 black 最后一个字母，之所以不取首字母，是为了避免与蓝色（Blue）混淆，所以又叫减色模式。一般打印输出及印刷都采用这种模式。

(3) HSB 彩色模式。是将色彩分解为色调、饱和度及亮度，通过调整色调、饱和度及亮度得到颜色的变化。

(4) Lab 彩色模式。这种模式通过一个光强和两个色调来描述。一个色调叫 a，另一个色调叫 b。它主要影响着色调的明暗。一般 RGB 转换成 CMYK 都需先经 Lab 的转换。

(5) 索引颜色。这种颜色下的图像像素用一个字节表示，它最多包含 256 色的色表储存，并索引其所用的颜色，其图像质量不高，占空间较少。

(6) 灰度模式。即只用黑色和白色显示图像，像素 0 值为黑色，像素 255 为白色。

(7) 位图模式。像素不是由字节表示，而是由二进制表示的，即黑色和白色由二进制表示，从而占磁盘空间最小。

Photoshop 提供多种多样的色彩模式，各种模式都有着各不相同的作用，但是在网络图片制作中，只能选择使用 RGB 模式，虽然某些浏览器也支持 CMYK 图片，但是兼容性不好，而且计算机屏幕的显示模式就是基于 RGB 模式显示，所以 RGB 是最适合网页图片的色彩模式。

二、Photoshop 常用工具介绍

移动工具：可以对 Photoshop 里的图层进行移动。

矩形选择工具：可以对图像选择一个矩形的范围，一般用于对规则形状的选择。

单列选择工具：可以对图像在垂直方向选择一列像素，一般用于比较细微的选择。

裁切工具：可以对图像进行剪裁，剪裁选择后一般出现 8 个节点框，用户用鼠标对着节点进行缩放，用鼠标对着框外可以对选择框进行旋转，用鼠标对着选择框双击或按 Enter 键即可以结束裁切。

套索工具：可按住鼠标不放并拖动选择一个不规则的范围，一般可用于一些粗略的选择。

多边形套索工具：可用鼠标在图像上某点单击，然后进行多线选中要选择的范围，没有圆弧的图像勾边可以用这个工具，但不能勾出弧度。

磁性套索工具：这个工具好像有磁力，不须按鼠标左键而直接移动鼠标，在工具头处即会出现自动跟踪的线，这条线总是走向颜色与颜色边界处，边界越明显磁力越强，将首尾连接后可完成选择。一般用于颜色与颜色差别较大的图像选择。

魔棒工具：用鼠标对图像中某颜色单击即可对图像颜色进行选择，选择的颜色范围要求是相同的颜色，其相同程度可对魔棒工具双击，在屏幕右上角上容差值处调整容差度，数值越大，表示魔棒所选择的颜色差别越大；反之，颜色差别越小。

【设计步骤】

一、方形 Logo 步骤

（1）收集素材，准备好学校校徽图片，根据图片分析得出校徽的中间部分是校徽的主体标志，外部的圆形是辅助内容，所以先用 Photoshop 将其截取出来，如图 3-8 所示。

（2）利用魔术棒工具 将图片背景去掉，并设置成透明背景，如图 3-9 所示。

图 3-8　　　　　　　　　　　　　　图 3-9

（3）新建立一个宽度为 500 像素，高度为 500 像素的图片，将颜色设置成#7e0f8b，并用矩形选择工具 创建一个正方形，并将校徽放置在上面，如图 3-10 所示。

（4）使用混合选项工具中的颜色叠加工具，将图标填充成白色，使用文字工具在 Logo 下面添加英文"Changchun Vocational School of Technology"，字体为 Arial，如图 3-11 所示。

（5）同学们看到这里，一定感觉这样设计非常简单，几乎只用到 Photoshop 最简单的基本工具，就做出了这样的 Logo，这就是网络图片设计的精髓所在。这个 Logo 背景色、图标大小、英文字母摆放、英文字母大小等元素都是可以影响到整体 Logo 效果的，需要同学们多动手、多尝试。下面几个

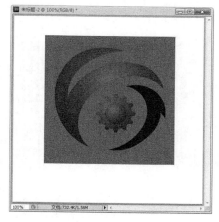

图 3-10

Logo 就是根据这个 Logo 简单变化而来，但是完全表现出不同的效果及侧重点，如图 3-12 和图 3-13 所示。

图 3-11　　　　　　　　图 3-12　　　　　　　　图 3-13

通过改变背景色可突出显示学校的英文简写"CCVST"，主体体现出学校名称，并

融入学校网址。

由以上实例不难看出，通过简单的文字大小变化、位置变化、背景色变化可以突出不同的主题，起到不同的视觉效果，这些都是网络图片设计所必须掌握的技巧。

二、圆形 Logo 步骤

用上例的方法，把标志主体部分截取出来，删除背景设置透明图层，并新建一个长度为 500 像素、宽度为 500 像素的新文件。

（1）用椭圆选区，按住 Shift 键画一个圆形，如图 3－14 所示。

（2）利用渐变工具，将颜色滑块设置为#7ea7eb 到#175dbe，选择径向渐变，如图 3－15 和图 3－16 所示。

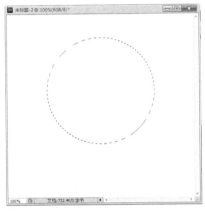
图 3－14

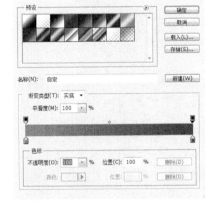
图 3－15

图 3－16

（3）在选区内使用渐变工具，这样的圆形看着有些许立体效果，如图 3－17 所示。

图 3－17

(4) 在圆球下方，新建一个图层，再画出一个圆形的选区，并填充任意颜色，如图 3-18 所示。

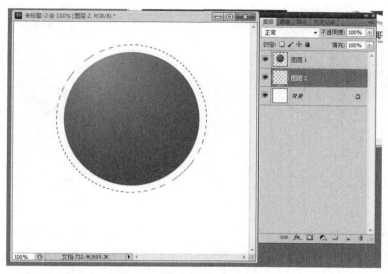

图 3-18

(5) 进入混合选项，将其颜色叠加设置成白色，投影"距离"设置成 0 像素，"扩展"为 0 像素，"大小"为 13 像素，其余保持默认值。这样，一个立体的圆形图标的轮廓就做出来了，如图 3-19 和图 3-20 所示。

 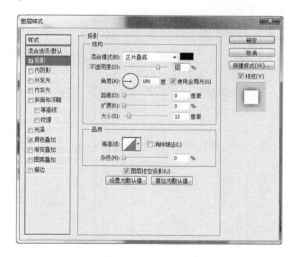

图 3-19   图 3-20

(6) 将校徽图标放置其中，一个圆形的 Logo 就基本完成了，如图 3-21 所示。

(7) 将中文校名"长春职业技术学校"字体设置为微软雅黑，英文校名"ChangChun Vocational School of Technology"字体设置为 Arial，加入 Logo 中，圆形图标就制作完成了，如图 3-22 所示。

图 3 – 21

图 3 – 22

（8）圆形 Logo 与方形 Logo 在扩展方面有些不同之处，文字的排列基本都是矩形，跟圆形的图标配合起来是十分困难的，所以如果加入变化，也需要借助矩形的一些特点来突出圆形 Logo。给同学们几个变形实例来扩展思维，如图 3 – 23 和图 3 – 24 所示。

这个是模仿四叶草的形状变化的 Logo

图 3 – 23

这个是把矩形融入到圆形 Logo 的经典实例

图 3 – 24

案例模拟一

【校园网站圆形 Logo 设计与制作】

效果图如图 3 – 25 所示。

模拟要求如下。

- Logo 效果：体现出职业学校以技能为中心的特色。
- 制作要求：制作为矢量图形。
- 需求分析：颜色以蓝色为主，辅助色为黑色、白色。

图 3 – 25

案例模拟二

【尚古缘婚纱摄影网站（www.shangguyuan.com）网站 Logo 设计】

效果图如图 3-26 所示。

模拟要求如下。

- 广告效果：将时尚与古典融合。
- 广告要求：宽度为 192 像素，高度为 78 像素。
- "尚古缘"古典婚纱、艺术摄影馆隶属于北京尚古缘

图 3-26

文化传播有限公司，系以弘扬中国传统文化为总体方针，通过进一步对整体摄影市场的细分，着重突出以中国传统民俗文化为背景的拍摄手法，将历史传统化妆、造型和时尚摄影技术相结合，运用标准的技术手段，展现我国五千年文明史中传统造型、着装文化的精髓，让现代人在贯通古今文化背景的前提下，真实体验古典与摩登文化的融合，为顾客提供市场难得的中国式婚纱、艺术摄影的专业拍摄机构。

任务三 GIF 动画设计与制作

【友情链接的设计与制作】

友情链接能醒目突出学校名称及网址，如图 3-27 所示。

图 3-27

【广告要求】

友情链接图标为长度 96 像素、宽度 48 像素。

【需求分析】

"长春职业技术学校"是隶属长春市教育局的一所综合性公办职业学校。秉承 50 年学校文化源远流长厚重积淀，领略半世纪职业教育波澜壮阔伫立潮头。

主色调以蓝色为主，关键帧不超过 3 帧，主要突出学校名称及网址。

【知识目标】

(1) 了解关键帧的概念。

(2) 设计关键帧。

(3) 使用 Photoshop 的动画功能制作动画。

【能力目标】

(1) 学生可以锻炼如何设计小图标来表现内容。

(2) 学生需了解 GIF 动画的一般特征。

【知识解析】

一、GIF 图形交换格式

GIF 图片以 8 位颜色或 256 色存储单个光栅图像数据或多个光栅图像数据。GIF 图片支持透明度、压缩、交错和多图像图片（动画 GIF）。GIF 透明度不是 Alpha 通道透明度，不能支持半透明效果。GIF 压缩是 LZW 压缩，压缩比大概为 3:1。GIF 文件规范的 GIF89a 版本支持动画 GIF。

优点：GIF 广泛支持 Internet 标准，支持无损耗压缩和透明度。动画 GIF 很流行，易于使用许多 GIF 动画程序创建。

缺点：GIF 只支持 256 色调色板，因此，详细的图片和写实摄影图像会丢失颜色信息，而看起来却是经过调色的。在大多数情况下，无损耗压缩效果不如 JPEG 格式或 PNG 格式。GIF 支持有限的透明度，没有半透明度效果或褪色效果（如 Alpha 通道透明度提供的效果）。

二、GIF 动画

动画形成原理是因为人眼有视觉暂留的特性。所谓视觉暂留就是在看到一个物体后，即使该物体快速消失，也还是会在眼中留下一定时间的持续影像，这在物体较为明亮的情况下尤为明显。最常见的就是夜晚拍照时使用闪光灯，虽然闪光灯早已熄灭，但被摄者眼中还是会留有光晕并维持一段时间。

对这个特点最早期的应用，我们上小学时也许就都做过了，就是在课本的页脚画上许多人物的动作，然后快速翻动就可以在眼中实现连续的影像，这就是动画。需要注意的是，这里的动画并不是指卡通动画片，虽然卡通动画的制作原理相同，但这里的动画是泛指所有的连续影像。

总结起来，动画就是用多幅静止画面连续播放，利用视觉暂留形成连续影像。比如传统的电影，就是用一长串连续记录着单幅画面的胶卷，按照一定的速度依次用灯光投影到屏幕上。这里就有一个速度的要求，试想如果缓慢地翻动课本，感受到的只会是多个静止画面而非连续影像。播放电影也是如此，如果速度太慢，观众看到的就等于是一幅幅轮换的幻灯片。为了让观众感受到连续影像，电影以每秒 24 张画面的速度播放，也就是一秒钟内在屏幕上连续投射出 24 张静止画面。有关动画播放速度的单位是 fps，其中的 f 就是英文单词 Frame（画面、帧），p 就是 Per（每），s 就是 Second（秒）。用中文表达就是多少帧每秒或每秒多少帧。电影是 24fps，通常简称为 24 帧。

现实生活中的其他能产生影像的设备也有帧速的概念，比如电视机的信号，中国与欧洲所使用的 PAL 制式为 25 帧，日本与美洲使用的 NTSC 制式为 29.97 帧。如果动画在计算机显示器上播放，则 15 帧就可以达到连续影像的效果。这样大家以后在制作视频时，要想好发布在何种设备上，以设定不同的帧速。

人眼的辨识精度其实远远高于以上几种帧速，因为人眼与大脑构成的视觉系统是非常发达的。只是依据环境不同而具有不同的敏感程度，比如在黑暗环境中对较亮光源的视觉暂留时间较长，因此电影只需要24帧。顺便说句题外话，只有少数动物的眼睛能在某些方面超过人类，但都同时在其他方面存在严重缺陷。如"细节之王"鹰是色盲，而"夜视之王"猫头鹰的眼珠固定，要转动头部才能观察周围。

在前面所学的课程中，Photoshop只是被用来制作如海报、印刷稿等静态图像的，我们提到过它具备动画制作的能力。现在就是要在Photoshop中去创建一个由多个帧组成的动画。把单一的画面扩展到多个画面，并在这多个画面中营造一种影像上的连续性，令动画成型。

现在很多使用Flash制作的动画都可以附带配音和交互性，从而令整个动画更加生动。而Photoshop制作出来的动画只能称为简单动画，这主要是因为其只具备画面而不能加入声音，且观众只能以固定方式观看。但简单并不代表简陋，虽然前者提供了更多的制作和表现方法，但后者也仍然具备自己的独特优势，如图层样式动画就可以很容易地做出一些其他软件很难实现的精美动画细节。再者，正如同在纸上画画是一个很简单的行为，但不同的人画得好坏也不相同。因此，优秀的动画并不一定就需要很复杂的技术，重要的是优秀的创意。

无论是哪一个软件，它们的制作原理都是相同的，正如同曾经刻苦学习的RGB色彩模式一样，到哪里都能应用上。所以，现在的任务是利用已经学到的Photoshop基础知识，将它扩展到动画制作上，从中学习到制作动画的一般性技巧和方法。这些知识以后仍然可以应用于其他方面，并且我们也会介绍如何将Photoshop动画转为视频并为其加入声音。

除了制作上的不同外，在用途上也有所不同。动画经常被安放于网页中的某个区域，用以强调某项内容，如广告动画。这种动画通常按照安放位置的不同而具备相应的固定尺寸（以像素为单位），如468×60、140×60、90×180等。也可将动画应用于手机彩信（一种可发送图片、声音、视频的多媒体短信服务）。这些用途都有各自的特点，除了尺寸以外还有其他需要考虑的因素，如字节数的限制、帧停留时间等。

本教材中，使用Photoshop CS 5.0来制作GIF，之前Adobe推出的ImageReady已经整合到Photoshop中。

【设计步骤】

（1）打开Photoshop，新建一个宽度为96像素、高度为48像素的图片。

（2）背景色设置为#3261b7，并填充背景色。

（3）将校徽打开，截取中间的标志，并填充成白色，放置在文件中（这样缩小的图标一定要由大到小地缩放，如果感觉缩小的尺度过大，不可以反向操作，因为这样会影响图片的清晰度），如图3-28所示。

（4）添加文字，将字体设置成"微软雅黑"，如图3-29所示。

图3-28

添加文字，一是保证文字的清晰度，让文字可以在较小的空间得到清晰的效果，图 3-29 将文字设置成雅黑的。还有一种方法可以将文字设置成宋体，12 pt、消除锯齿－无，虽然很清晰，但是和整体有些不和谐，所以，字体的选择应该根据设计的样式所决定，如图 3-30 所示。

图 3-29　　　　　　　　　　　图 3-30

（5）这样就只做好了一个关键帧。再新建图层，将背景色调整为#b78032，添加文字"国家重点校"，一定要在一个文件中以图层的方式设计，不要单独新建文件，如图 3-31 所示。

图 3-31

（6）用同样的方法，将背景色设置为#6d32b7，添加文字"www.ccvst.com"，都是用微软雅黑字体，如图 3-32 所示。

（7）接下来就开始制作动画部分。打开动画设计面板，单击"窗口"→"动画"命令。

（8）在打开"动画"调板后，就可以开始制作动画了，在"动画"调板中单击红色箭头处的"复制所选帧"按钮就会看到新增加了一个帧，如图 3-33 所示。按照以前的习惯，这个图标应该表示新建，如新建图层等，在这里虽然字面上的解释是复制，但其实也是一种新建，只不过这新增加的帧其实和前一个帧是相同的内容。相应地，大家也应该能想得到按钮的作用就是删除帧，如图 3-33 所示。

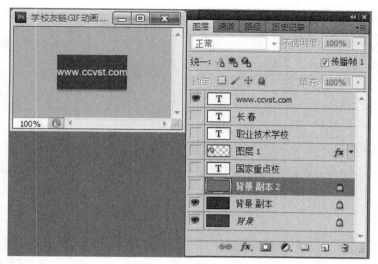

图 3 – 32

图 3 – 33

确认"动画"调板中目前选择的是复制出来的第 2 帧，然后使用图层工具将第 2 帧要表现的内容显示出来，但在原先第 1 帧中方块的位置依然未变。这是一个很重要的特性，如图 3 – 34 所示。

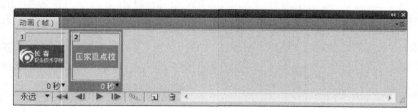

图 3 – 34

在第 2 帧创建一个过渡功能，可以做出类似于 Flash 的效果，如图 3 – 35 所示。

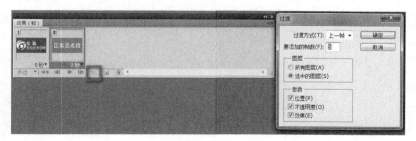

图 3 – 35

创建过渡效果后,时间轴就会有图3-36所示的过渡效果。

图3-36

用同样的方法,把第3关键帧也做成渐变效果,如图3-37所示。

图3-37

这样3个关键帧都有了过渡效果。

(9) 现在大家可以单击"动画"调板中的"播放"按钮,在图像窗口就可以看到方块移动的效果了,只是移动的速度很快。这是因为没有设置帧延迟时间。注意"动画"调板中每一帧的下方现在都有一个"0秒",这就是帧延迟时间(或称停留时间)。帧延迟时间表示在动画过程中该帧显示的时长。比如某帧的延迟时间设置为2秒,那么当播放到这个帧时会停留2秒钟后才继续播放下一帧。一般延迟时间默认为0秒,每个帧都可以独立设定延迟时间。

设定帧延迟的方法就是单击帧下方的时间处,在弹出的列表中选择相应的时间即可。列表中的"无延迟"就是0秒,如果没有想要设定的时间,可以选择"其他"后自行输入数值(单位为秒)。也可以在选择多个帧后统一修改延迟,选择多个帧的方法和选择多个图层相同,先在"动画"调板中单击第1帧将其选中,然后按住Shift键单击第6帧,就选择了第1~6帧。然后在其中任意一帧的时间区进行设定即可。这是一个比较常用的延迟时间。

再次播放动画,就会看到方块移动的速度有所减缓,并且在移动的最后会停留较长时间。很明显,这是由于它被设置了较长延迟的缘故。而这种较长的延迟实际上起到了一种突出的作用,在实际制作中就可以利用这个特点来突出某个主题。在后面的教程中也会专门介绍一些表现手法。

除了延迟时间外,动画还有一个特点就是可以设定播放的循环次数。注意在"动画"调板第1帧的下方有一个"永远",这就是循环次数。单击后可以选择"一次"或"永远",或者自行设定循环的次数。之后再次播放动画即可看到循环次数设定的效果。

虽然在绝大多数情况下动画都是连续循环的(即永远),但在某些地方也会用到单次或少数几次(2~3次)循环,主要出现在利用动画制作网页部件的时候。比如将一个栏目的名称从无到有用动画渐显出来,这样当名称完全显示出来后就应当固定,而不能再次消失然后再次渐显。这时就要使用"一次"的循环设定了,如图3-38所示。

图3-38

（10）选择"文件"→"存储为Web和设备所用格式"菜单命令（见图3-39），并把文件格式调整为GIF,最后单击"存储"按钮,这样一个完整的GIF动画就设计完成了,如图3-40所示。

图3-39

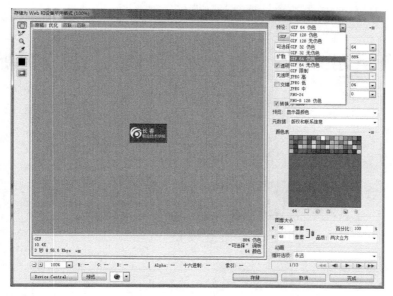

图3-40

案例模拟

【如意馆童装,外链 GIF 图标设计】

效果图如图 3-41 所示。

图 3-41

模拟要求如下。
- 广告效果:以卡通风格为主,体现出如意馆经营特色。
- 广告要求:图标宽度为 96 像素、高度为 48 像素。
- 需求分析:根据如意馆的经营特点,图标颜色主要以红色、橙色、粉色等暖色调的卡通色为主,突出"零甲醛""厂家直销""无假货"等标语,由于淘宝的网址名称都比较长,所以,GIF 就不需要体现具体网址。

任务四 GIF 动画设计与制作——信息更新

【NEW 图标】

NEW 图标是用来提醒页面有新内容的一种方法,如图 3-42 所示。

图 3-42

【广告要求】

使用 04b08 字体来设计 NEW 图标,根据外框的不同,文件尺寸可以略微有所变化。

【需求分析】

（1）根据页面需求，设计合适尺寸、颜色、动画效果的 NEW 图标。

（2）必须使用 04b08 字体，8 pt 大小。

【知识目标】

（1）使用 Photoshop 设计像素级别图标。

（2）锻炼细节处理能力。

【能力目标】

学生如何使用页面小元素去吸引浏览者的目光，主要锻炼对画面细节处理掌握能力。

【设计步骤】

（1）设计 NEW 图标。一定要安装 04b08 的字体，字号必须是 8pt，清晰度必须选择"无"，这样才能达到要求，如图 3-43 所示。

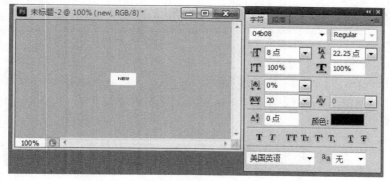

图 3-43

（2）用放大镜将图片放大，这样设计会舒服很多，再来给 NEW 做一个边框，如图 3-44 所示。

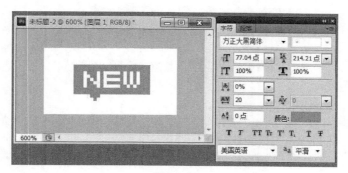

图 3-44

（3）根据图像大小对图片进行裁切。注意给图标留出 2 像素用来做动画使用，还需要将图片的背景做成透明的，如图 3-45 所示。

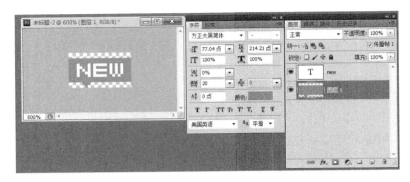

图 3-45

（4）接下来开始设计动画部分。复制一个帧，然后把图层 1 和文字图层向上移动 2 像素，如图 3-46 所示。

图 3-46

（5）将时间延迟增加 0.2 秒，再选择"文件"→"存储为 Web 和设备所用格式"菜单命令，通过将颜色数降低，可以有效地降低文件大小，单击"存储"按钮则动画制作完毕，如图 3-47 所示。

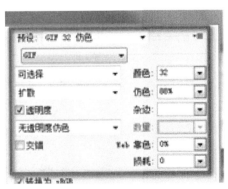

图 3-47

案例模拟

【设计"我衣我主张"栏目的 NEW 图标】

效果图：让"NEW"3 个字母反复跳动来吸引浏览者的注意力，如图 3-48 所示。

图 3-48

模拟要求如下。
- 广告要求：必须是透明的 GIF 图标，图标大小必须跟文字大小保持一致。
- 需求分析：这样的动画小图标，需要文字与边框有较大的反差，文字用黄色，边框用黑色，一般的页面都可以起到比较醒目的效果。

【加油站】

Flash 的主要功能是制作动画，利用 Flash 可以设计与制作出丰富多彩的动画作品。

对于动画，大家都不会陌生，很多同学都是伴随着动画片成长的，像《喜羊羊与灰太狼》就是完全用 Flash 制作出来的。

动画是一门在某种介质上记录一系列单个画面，并通过一定的速率回放所记录的画面而产生运动视觉的技术。动画与电影、电视一样，都是利用了视觉暂留原理。医学已证明，人眼具有视觉暂留的特性，就是说人的眼睛看到一幅画或一个物体后，在 1~24 秒内不会消失。利用这一原理，在一幅画还没有消失之前播放出下一幅画，就会给人造成一种流畅的视觉变化效果。

任务五　Flash 动画设计与制作一

【补间动画】

本任务是制作一个网页上经常可以看到的网络广告，"订单送大礼"这几个字依次出现，"优惠享不停"则由小变大。通过这个任务将学习描边字的制作方法、简单的补间动画制作方法。最终效果如图 3-49 所示。

【广告要求】

制作简单的文字效果广告。

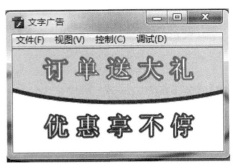

图 3-49

【需求分析】

(1) 使用椭圆工具绘制底图。
(2) 利用文字工具和墨水瓶工具制作描边字。
(3) 将"订单送大礼"每个描边字制作成图形元件,依次制作成淡出的补间动画。
(4) 将"优惠享不停"制作成图形元件,制作放大的补间动画。

【知识目标】

(1) 掌握椭圆工具、文字工具和墨水瓶工具的应用。
(2) 掌握图形元件的制作方法。
(3) 掌握补间动画的制作方法。

【能力目标】

(1) 具备工具应用能力。
(2) 具备动画制作能力。

【知识解析】

(1) 帧。在计算机动画制作中,构成动画的一系列画面叫作帧,时间轴面板中每个小格就是 1 帧,帧也就是动画在最小时间单位里出现的画面。

(2) 时间轴。Flash CS3 动画是以时间轴为基础的帧动画,每个 Flash CS3 动画作品都是以时间为顺序,由先后排列的一系列帧组成。时间轴面板是实现动画效果最基本的面板。

(3) 帧频率。每秒钟包含多少帧数叫作帧频率。Flash CS3 的默认帧频率是 12 fps,这意味着动画的每秒要显示 12 帧画面。如果动画共有 24 帧,则整个动画就有 2 s。

Flash 动画制作就是通过设置时间轴面板中有多少帧,每一帧显示什么对象来实现的。

(4) 空白关键帧 (Blank Keyframe)。带黑圈的帧是空白关键帧,表示该帧中没有任何内容。空白关键帧中添加内容后就变成关键帧。

(5) 关键帧 (Keyframe)。带黑点的帧是关键帧。对有内容的帧,选择关键帧即可查看该关键帧的内容。

(6) 补间帧。黑箭头所在的帧表示补间帧。它是两个关键帧之间产生动画过渡的帧,是由 Flash 自己计算并产生的。

(7) 普通帧。带黑框的帧是普通帧。

【设计步骤】

(1) 双击桌面上的 Flash 软件图标,打开 Flash 软件,出现 Flash 欢迎窗口,单击新建的"Flash 文件(ActionScript 3.0、2.0)",即可新建一个 Flash 文件,出现 Flash 动画编辑窗口,如图 3-50 所示。

Flash图标

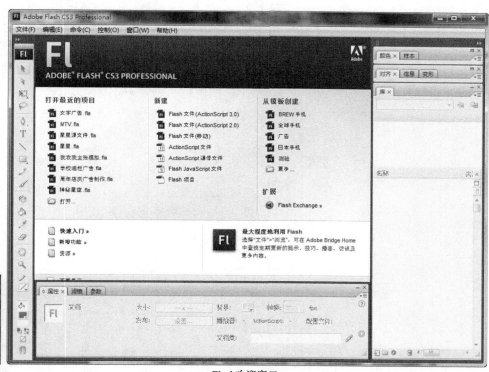
Flash欢迎窗口

图 3-50

(2) Flash 动画编辑窗口中主要包含标题栏、菜单栏、时间轴、舞台、工具箱、属性面板、控制面板,其中时间轴用于安排动画对象的时间顺序,舞台用于安排动画对象的空间位置,是 Flash 动画制作中最重要的两个面板。窗口右侧的控制面板和窗口底部的属性面板用于设置动画对象的属性。

(3) 选择"文件"→"保存"或"另存为"菜单命令,弹出"另存为"对话框,选择文件保存路径,输入文件名"订单送大礼",单击"保存"按钮,将文件保存到指定文件夹中,如图 3-51 所示。

(4) 单击舞台,窗口底部显示舞台的属性,单击面板中的大小按钮,显示"文档属性"对话框,将"尺寸"设置为"280(宽)×140(高)",单击"确定"按钮完成舞台属性设置,如图 3-52 所示。

网页设计与制作

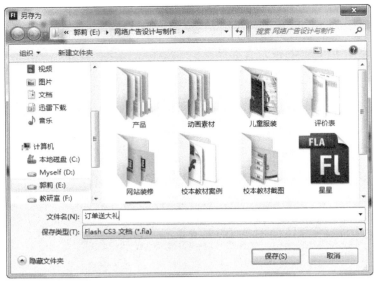

图 3 – 51

图 3 – 52

> 提示：默认舞台的大小为 550×400 像素，设置为 280×140 后舞台会变小。这时可以通过双击手形工具 ，舞台将最大化显示。双击 工具，舞台将 100% 显示。

（5）双击缩放工具 ，将舞台调整到合适大小。单击矩形工具 的右下角出现矩形工具组的下拉按钮，选择其中的椭圆工具 ，在舞台下方会显示椭圆工具的属性。

（6）在椭圆工具的属性面板中设置笔触高度为"5"，笔触颜色为蓝色#3333FF，填充颜色为#FFCCCC，将光标移动到舞台上方绘制出一个大椭圆。可以看到时间轴面板的小格子上出现了一个黑色的小圆点，称之为一个关键帧，如图 3 – 53 和图 3 – 54 所示。

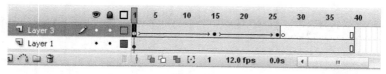

图 3-53

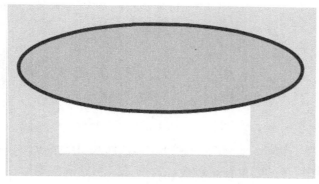

图 3-54

（7）单击图层 1 的锁头按钮，将该图层锁定。单击图层面板下方的插入图层按钮，在图层 1 的上方插入了图层 2。

（8）单击图层 2 的第 1 帧，选择文字工具，在文字属性面板中设置文字的字体为"黑体"、字号为"36"、颜色为白色、字间距为"10"，如图 3-55 所示。

图 3-55

（9）在椭圆背景的上方单击鼠标，输入"订单送大礼"，如图 3-56 所示。

图 3-56

（10）单击图层 1 的显示轮廓按钮，底部背景显示轮廓，调整上层文字的位置。再次单击轮廓按钮，显示背景对象，如图 3-57 所示。

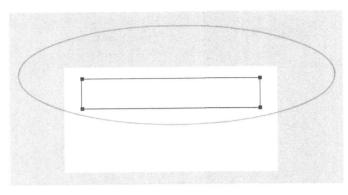

图 3-57

(11) 选择图层 2 的第 1 帧，按两次 Ctrl+B 组合键将文字分解为矢量图形。单击右键从弹出的快捷菜单中选择"复制帧"命令。单击插入图层按钮，在图层 2 的上方插入了图层 3。选择图层 3 的第 1 帧，单击右键选择"粘贴帧"命令，于是将图层 2 第 1 帧的内容复制到了图层 3 的第 1 帧。将图层 3 的第 1 帧锁定并隐藏。单击图层 2 的第 1 帧，显示文字内容。

(12) 单击线条工具，在属性面板中将笔触高度设置为"4"，颜色设置为红色。单击选择墨水瓶工具，在分解后的文字上单击，可以看到文字被加上了很粗的红色边线，中间的白色看不到了，如果字大些就会看得很清楚。用墨水瓶工具加上边线后的文字如图 3-58 所示。

图 3-58

(13) 单击图层 3 的眼睛和锁头按钮，显示图层 3 的第 1 帧内容，可以看到描边字效果。单击选择工具，用光标框选"订"，按 F8 键出现"转换为元件"对话框，在"名称"文本框中输入元件的名字（此处省略不输，当动画复杂时为了区分对象才必须给元件起名字）。"类型"为"图形"，单击"确定"按钮，如图 3-59 所示。

(14) 将"订"字转换成了一个图形元件。舞台上显示为一个蓝色的边框中间有个小圆圈，如图 3-60 所示。

图 3 – 59

图 3 – 60

（15）同时可以看到右侧的库面板中多了一个图形元件。

> 提示：在 Flash 中，最主要的动画元素是"元件"。不同的元件类型具有不同的特点，合理地使用元件是制作专业 Flash 动画的关键。

实例是元件在舞台上的具体表现，元件从"库"中拖入舞台就称为该元件的实例。

每个元件都有一个唯一的时间轴和舞台。创建元件时要选择元件类型，这取决于用户在影片中如何使用该元件。常见的元件类型有 3 种，即图形元件、按钮元件、影片剪辑元件。

①图形元件。对于静态位图可以使用图形元件，并可以创建几个连接到主影片时间轴上的可重复使用的动画片段。图形元件与影片的时间轴同步运行。交互式控件和声音不会在图形元件的动画序列中起作用。

②按钮元件。可以创建在影片中响应鼠标单击、滑过或其他动作的交互式按钮。可以定义与各种按钮状态关联的图形，然后指定按钮实例的动作。

③影片剪辑元件。可以创建可重复使用的动画片段。影片剪辑拥有它们自己的独立于主影片时间轴播放的时间轴，既可以将影片剪辑看作主影片内的小影片，也可以将影片剪辑实例放在按钮元件的时间轴内，以创建动态按钮，如图 3 – 61 所示。

（16）同理，将其他的文字也选中转换为图形元件。可以看到所有的元件都放到了图层 3 的第 1 帧，图层 2 的第 1 帧变成了空白关键帧。

（17）单击图层 3 的第 1 帧，选择"修改"→"时间轴"→"分散到图层"菜单命令，可以看到元件分散到另外 5 个以元件名为图层名的 5 个图层中，图层 3 的第 1 帧变成空白关键帧，如图 3 – 62 所示。

图 3 – 61

图 3 – 62

（18）选择元件 1 图层的第 3 帧，按 F6 键插入关键帧。

> **提示**：在时间轴面板上选择 1 帧，按 F6 键表示将前一个关键帧的内容复制到当前关键帧中；按 F7 键表示在当前帧插入了一个空白关键帧，可以用绘图工具在该帧上绘制内容，也可以在该帧上导入图片等，即可以在该帧上添加动画对象，添加动画对象后空白关键帧变成关键帧，即空圈变成小黑点。按 F5 键在当前帧处添加一个普通帧，作用是将前一个关键帧的内容静态地延迟到当前普通帧。

所有关键帧的内容（实心小黑点）都可以选中进行编辑修改，修改完成后可以通过图层控制按钮进行锁定、隐藏、显示轮廓等操作。

（19）选择元件 1 图层的第 1 帧，在舞台上单击"订"字图形元件，显示"元件"属性面板，在"颜色"下拉列表框中选择"Alpha"，将值设置为"0"，即将该元件设置为透明。

（20）右键单击元件 1 图层的第 1 帧，从弹出的快捷菜单中选择"创建补间动画"命令，则在 1~3 帧之间创建了一段文字淡出的动画，时间轴面板如图 3 – 63 所示。

图 3 – 63

（21）同理，制作元件 2 至元件 5 的动画，时间轴面板如图 3 – 64 所示。

图 3 – 64

(22）单击元件1图层，则该图层上的所有帧都被选中，拖动鼠标向右移动，如图3-65所示。

图 3-65

(23）同理，将其他图层向右移动，时间轴面板如图3-66所示。

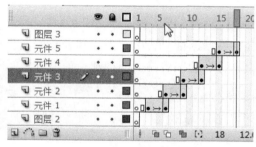

图 3-66

(24）选择图层3的第1帧，输入"优惠享不停"文字，同样制作成描边字，如图3-67所示。

图 3-67

(25）选中"优惠享不停"文字，按F8键将这几个字转换为一个图形元件。

(26）选择图层3的第18帧，按F6键，再选择图层3的第1帧，在舞台上单击"优惠享不停"图形元件，单击任意变形工具 ，将文字缩小，右键单击图层3的第1帧，从弹出的快捷菜单中选择"创建补间动画"命令，则创建了一个文字的放大动画。

(27）选择各图层的第25帧并按F5键，最后的时间轴面板如图3-68所示。

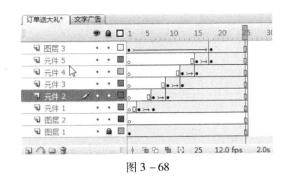

图 3 - 68

(28) 按 Ctrl + Enter 组合键测试动画，观看动画播放效果。

本例可参见附盘中的"订单送大礼.fla"文件。

案例模拟

【吉林公益网站 banner 制作】

本任务左侧是吉林公益网站的标志，中间为吉林公益网制作成描边字逐个出现的动画，右侧的文字制作成由舞台右侧向内移动的动画。最终效果如图 3 - 69 所示。

图 3 - 69

模拟要求如下。
- 使用矩形工具绘制背景。
- 使用"文件"→"导入"菜单命令导入标志图片。
- 将"吉林公益网"制作成描边字，并将其制作成逐个闪出的动画。
- 将其他文字制作成图形元件，制作移动的补间动画。

任务六　Flash 动画设计与制作二

【遮罩动画】

本任务是制作网页上经常可以看到的周年店庆广告，在渐变的背景下，星星划过，文字变亮。通过这个任务将学习渐变色的使用方法，制作简单的遮罩动画。最终效果如图 3 - 70 所示。

【广告要求】

用遮罩效果模拟灯光特效。

【需求分析】

(1) 使用矩形工具绘制底图，填充放射状渐变色。

(2) 利用文字工具组成图 3-70 所示的文字效果。

(3) 利用椭圆工具和"柔化填充边缘"命令制作星星。

(4) 将星星闪亮制作成影片剪辑。

(5) 将文字制作成遮罩动画效果。

图 3-70

【知识目标】

(1) 掌握渐变色的应用。

(2) 掌握影片剪辑元件的制作方法。

(3) 掌握遮罩动画的制作方法。

【能力目标】

(1) 具备颜色调整能力。

(2) 具备遮罩动画制作能力。

【知识解析】

1. 遮罩层动画

对于遮罩，使用过 Photoshop 或 3DS Max 等软件的读者应该不会陌生，因为它是进行图像特殊处理的有力工具。在 Flash 中，同样可以利用遮罩层来决定被遮罩层中动画对象的显示情况。下面将介绍遮罩层动画的制作方法。

2. 遮罩层动画制作

在 Flash 中，遮罩层中有动画对象存在的地方都会产生一个孔，使与其链接的被遮罩层相应区域中的对象显示出来；而没有动画的地方会产生一个罩子，遮住链接层相应区域中的对象。遮罩层中动画的制作与一般层中的基本一样，矢量色块、字符、元件以及外部导入的位图等都可以在遮罩层产生孔。对于遮罩层的理解，可以将它看作一般图层的翻转，其中有对象存在的位置为透明，空白区域则为不透明。遮罩层只能对与之相链接的层起作用，这与运动引导层是一样的。

制作遮罩效果前，"时间轴"面板中起码要有两个图层，如"图层 1"和"图层 2"。可以采用下面的方法设置遮罩层和被遮罩层。

(1) 用鼠标右键单击"图层 2"的图层名，在打开的快捷菜单中选择"遮罩层"命令，将"图层 2"变成遮罩层，其下方的"图层 1"会自动变成被遮罩层，两个层都将被自动锁定。

(2) 选中某个图层，选择"修改"→"时间轴"→"图层属性"菜单命令，打开"图层属性"对话框，选中"遮罩层"或"被遮罩层"选项。

(3) 选择被遮罩层，单击"插入图层"按钮，会在其上增加一个被遮罩层。

【设计步骤】

（1）新建一个 Flash 文件，将舞台大小设置为 280×140 像素。

（2）单击"选择矩形工具"，将笔触颜色设置为无，将填充颜色设置为由浅蓝到深蓝的线性渐变。

（3）选择"窗口"→"颜色"菜单命令，打开"颜色"面板。在中间位置单击鼠标，添加一个颜料桶，将最右侧的颜料桶用鼠标拖曳下来删除。再将中间的颜料桶移动到右侧。

（4）拖动矩形工具画一个与舞台相同大小的矩形作为背景。将图层 1 锁定。

（5）单击插入图层按钮，新建图层 2，选择"文字工具"项，设置颜色为 #FFFFCC，大小为"120"，字体为 Segoe Script，输入"4"；设置大小为"40"，字体为黑体，输入"周年店庆"；设置大小为"37"，字体为 Arial Black，输入"YEAR"。将文字拼成图 3-70 所示。选择这 3 个文字，按 F8 键将文字转换成图形元件。

（6）右击图层 2 的第 1 帧，选择"复制帧"命令。单击新建图层 3，右击图层 3 的第 1 帧，选择"粘贴帧"命令。将图层 3 锁定并隐藏。

（7）选择图层 2 的第一帧，再单击舞台上的文字元件，在属性栏中选择颜色中的"色调"项，颜色为黑色、40%，如图 3-71 所示。

图 3-71

（8）单击插入图层 4，选择"矩形工具"，将笔触颜色设置为无，填充颜色为白色，画一个比舞台高的小矩形。单击矩形，选择"修改"→"形状"→"柔化填充边缘"菜单命令，打开"柔化填充边缘"对话框，在"距离"文本框中输入"10"，在"步骤数"文本框中输入"4"，单击"确定"按钮，矩形的边缘具有了羽化的效果，如图 3-72 所示。

图 3-72

（9）用"选择工具"框选矩形，按 F8 键将矩形转换为图形元件，选择"自由变形工具"，将图形元件倾斜，如图 3-73 所示。

（10）选择图层 4 的第 15 帧，按 F6 键，将矩形移到画布的右侧。右击该段动画的中间帧，从弹出的快捷菜单中选择"创建补间动画"命令，则创建出矩形从左到右侧的移动动画。

（11）右击图层 4，从弹出的快捷菜单中选择"遮罩层"命令，图层 4 为遮罩层，图层 3 为被遮罩层，这两个图层组成了遮罩动画，如图 3-74 所示。

图 3-73

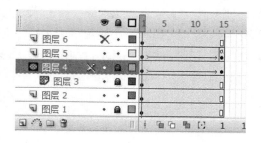

图 3-74

（12）按 Ctrl + F8 组合键弹出"创建新元件"对话框，在"名称"文本框中输入"星星"，选择图形元件，单击"确定"按钮。进行"星星"图形元件的制作。

（13）使用椭圆工具，填充色设置为白色，边线为无，绘制图 3-75 所示的星星图形。中间的小圆可以设置柔化效果。

（14）再次按 Ctrl + F8 组合键弹出"创建新元件"对话框，在"名称"文本框中输入"星星闪 1"，选择影片剪辑，单击"确定"按钮。进入"星星闪 1"影片剪辑元件的制作。

图 3-75

> **提示：** 影片剪辑就是将一段小动画放到一个元件中，所以影片剪辑的制作方法与动画的制作方法相同。

（15）选择图层 1 的第 1 帧，将"星星"图形元件拖曳到舞台上，选择第 30 帧并按 F6 键，选择第 60 帧并按 F6 键。选择第 1 帧，再单击舞台上的星星，在弹出的"元件属性"面板中将元件的 Alpha 值设置为"0"，第 60 帧也做相同的设置。选择第 30 帧，再单击舞台上的星星，打开"变形"面板，输入旋转 60°。右击第 1~30 帧之间的任何一帧，从弹出的快捷菜单中选择"创建补间动画"命令。右击第 30~60 帧之间的任何一帧，从弹出的快捷菜单中选择"创建补间动画"命令。这样就制作了星星的淡入和淡出并旋转的效果。星星闪 1 影片剪辑的时间轴如图 3-76 所示。

图 3-76

（16）再次按 Ctrl + F8 组合键弹出"创建新元件"对话框，在"名称"文本框中输入"星星闪 2"，选择影片剪辑，单击"确定"按钮。进行"星星闪 2"影片剪辑元件的制作。

（17）选择图层 1 的第 15 帧，将"星星"图形元件拖曳到舞台上，选择第 45 帧并按 F6 键，选择第 65 帧并按 F6 键。选择第 15 帧，再单击舞台上的星星，在弹出的"元件属性"面板中将元件的 Alpha 值设置为"0"，第 65 帧也做相同的设置。选择第 45

帧，再单击舞台上的星星，打开"变形"面板，输入旋转 -60°。右击第 15~45 帧之间的任何一帧，从弹出的快捷菜单中选择"创建补间动画"命令。右击第 45~65 帧之间的任何一帧，从弹出的快捷菜单中选择"创建补间动画"命令。同理，制作出星星的淡入和淡出并旋转效果，只不过与星星闪 1 影片剪辑的时间延后 15 帧，星星闪 2 影片剪辑的时间轴如图 3-77 所示。

图 3-77

（18）单击"场景 1"按钮，回到主动画制作场景。选择图层 4，单击"插入图层"按钮，新建图层 5，从库中拖入"星星闪 1"影片剪辑元件，放到文字"4"的最上角。选择第 15 帧并按 F6 键将影片剪辑移动到"4"字的最右侧。

（19）选择图层 5 第 1 帧到第 15 帧中间的任何一帧，创建补间动画。单击第 15 帧，按 F9 键，打开"动作"面板，输入"stop( )"，如图 3-78 所示。

图 3-78

（20）选择图层 5，单击"插入图层"按钮，新建图层 6，从库中拖入"星星闪 2"影片剪辑元件并放到合适位置，选择第 15 帧并按 F5 键。动画最终时间轴面板如图 3-79 所示。

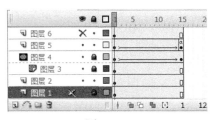

图 3-79

（21）本例参见附盘中的"周年店庆.fla"文件。

案例模拟

【我衣我主张促销广告】

本任务左侧是"我衣我主张"网店上出售的衣服,为了促销打出了"5 折优惠""满 200 返 50""满 500 返 150"的促销词。右侧底部为网店名"我衣我主张"制作成闪的动画,最底下是网址,单击可以直接进入该网店。最终效果如图 3-80 所示。

图 3-80

模拟要求如下。
- 使用"文件"→"导入"菜单命令导入服装图片。
- 将"5 折"制作成翻转动画。
- 将"满 200 返 50"制作成移动动画。
- 将"我衣我主张"制作成遮罩动画。

任务七 Flash 动画设计与制作三

【Flash 影片剪辑动画】

本任务是制作一个网页上经常可以看到的星星闪烁效果,星星在重要的文字上闪烁,以增强视觉效果。最终效果如图 3-81 所示。

【广告要求】

制作星星闪烁的动画效果。

【需求分析】

(1) 使用 Photoshop 软件制作底图。
(2) 制作星星影片剪辑。

图 3-81

(3) 使用"动作"面板制作星星闪烁效果。

【知识目标】

(1) 掌握椭圆工具的应用、"柔化填充边缘"命令的使用。
(2) 掌握影片剪辑的制作方法。
(3) 掌握"动作"面板的使用。

【能力目标】

(1) 具备 Photoshop 软件应用能力。
(2) 具备动作代码阅读能力。

【设计步骤】

(1) 使用 Photoshop 软件制作底图。
(2) 双击桌面上的 Flash 软件图标,打开 Flash 软件,弹出 Flash 欢迎窗口。单击"新建"下的"Flash 文件(ActionScript 2.0)",即可新建一个 Flash 文件,出现 Flash 动画编辑窗口,按 Ctrl + S 组合键保存文件为"星星闪烁.fla"。
(3) 设置舞台大小为 483 × 256 像素,其他参数保持默认。
(4) 选择"文件"→"导入"→"导入到舞台"菜单命令导入背景图片。
(5) 新建名为"光芒"的图形元件,画一个填充颜色为白色、大小为 7 × 89 像素的椭圆,使用"修改"→"形状"→"柔化填充边缘"菜单命令,将边缘作成羽化效果。参数设置如图 3-82 所示。
(6) 新建名为"星星"的图形元件,将图层 1 的第 1 帧拖入"光芒"的图形元件,在"属性"面板中将"光芒"图形元件的大小调整为 3 × 16 像素。打开"对齐"面板,将元件居中对齐到舞台的正中心。
(7) 打开"变形"面板,在"旋转"文本框中输入"90",如图 3-83 所示,单击"复制并应用变形"命令按钮,复制出一个水平的"光芒"元件。

图 3-82

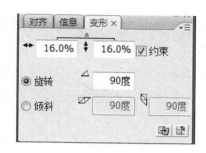
图 3-83

（8）单击"插入图层"按钮，新建图层2，在图层2的第1帧画一个大小为4×4像素、颜色为白色的椭圆，单击椭圆，选择"修改"→"形状"→"柔化填充边缘"菜单命令，将边缘作成羽化效果。参数设置如图3-84所示。

（9）选择图层2的小圆形，将它移到光芒的中心，组成星星图形，效果如图3-85所示。

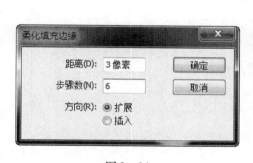
图 3-84

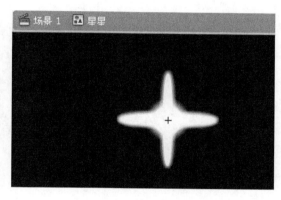
图 3-85

（10）新建一个名为"星闪动"的影片剪辑，将第1帧拖入"星星"图形元件，居中对齐。选择第25帧并按F6键，选择第50帧并按F6键。选择第25帧，再选择"星星"图形元件，显示图形元件的属性。在"属性"面板中将Alpha设置为0%，设置如图3-86所示。

图 3-86

（11）选择第1～25帧之间的任意一帧创建补间动画，选择第25～50帧之间的任意一帧创建补间动画。最终的时间轴面板如图3-87所示。

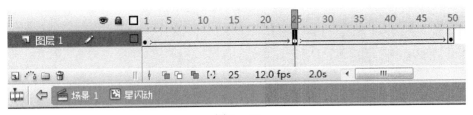

图 3-87

（12）新建一个名为"动作"的影片剪辑，打开"动作"面板。

第 1 帧输入：

```
n = 0;
```

第 2 帧输入：

```
if (n > 3)
{
    n = 0;
}
_root.star.stop();
_root.star._x = 245 + random(60);
_root.star._y = 50 + random(60);
duplicateMovieClip("_root.star", "star" + n, n);
n ++;
```

第 7 帧输入：

```
gotoAndPlay(2);
```

其"时间轴"面板如图 3-88 所示。

（13）单击"场景 1"按钮返回场景 1，新建图层 2，拖入"星闪动"影片剪辑，在"属性"面板中将"星闪动"命名为"star"，如图 3-89 所示。

（14）拖入"动作"影片剪辑，按 Ctrl + Enter 组合键测试动画效果。

图 3-88

（15）此例可参见附盘中的"星星闪烁.fla"文件。

图 3-89

案例模拟

【梅花飘落】

在屋前有一棵梅花树，微风吹来，梅花飘落，效果如图 3-90 所示。

图 3-90

模拟要求如下。
- 使用"文件"→"导入"菜单命令导入"梅花"图片。
- 用"套索工具"从树上分离出花瓣，制作成图形元件。
- 制作"花瓣飘落"影片剪辑，此处用引导线动画。
- 使用"动作"面板复制出多个花瓣随机飘落的效果。

加油站

网页特效的实现主要是通过网页脚本语言来实现的。可以通过脚本语言编写程序完成如粘贴广告、焦点图、广告轮播效果、网站客服、底角视频等网页效果，也可以完成一些复杂的动画效果。JavaScript 是网页设计中常用的一种脚本语言。

一、JavaScript 脚本语言介绍

JavaScript 是由 Netscape 公司开发的一种脚本语言。但是 JavaScript 与 Java 是两个不相干的语言，作用也不一样。作为一门独立的编程语言，JavaScript 可以做很多的事情，但它最主流的应用还是在 Web 上创建动态网页（即网页特效）。JavaScript 在网络上应用

广泛，几乎所有的动态网页里都能找到它的身影。目前流行的 AJAX 也是依赖于 JavaScript 而存在的。

JavaScript 就是一种基于对象和事件驱动，并具有安全性能的脚本语言。脚本语言简单理解就是在客户端的浏览器上可以互动响应处理程序的语言，而不需要服务器的处理和响应，当然 JavaScript 也可以做到与服务器的交互响应，而且功能也很强大。而相对的服务器语言像 asp.net、php、jsp 等需要将命令上传服务器，由服务器处理后回传处理结果。对象和事件是 JavaScript 的两个核心。

JavaScript 可以被嵌入到 HTML 文件中，不需要经过 Web 服务器就可以对用户操作作出响应，使网页更好地与用户交互；在利用客户端个人计算机性能资源的同时，可适当减小服务器端的压力，并减少用户等待时间。

二、将 JavaScript 插入网页的方法

使用 `<script>` 标签在网页中插入 JavaScript 代码。使用下面的代码可以在网页中插入 JavaScript：

```
<script type="text/JavaScript"   language="javascript">
    ...
</script>
```

language = "javascript" 表示使用 JavaScript 脚本语言，脚本语言还有 VBScript、JSScript 等，如果没有 language 属性，表示默认使用 JavaScript 脚本。其中的 "…" 就是代码的内容。

```
<script type="text/JavaScript">
   document.write("Hello World!");
</script>
```

JavaScript 使用 document.write 来输出内容。将会在网页上输出：

```
Hello World!
```

有些浏览器可能不支持 JavaScript，可以使用以下方法对它们隐藏 JavaScript 代码：

```
<html>
<body>
<script type="text/JavaScript">
<!--
document.write("Hello World!");
//-->
</script>
</body>
</html>
```

"<!— —>"里的内容对于不支持 JavaScript 的浏览器来说就等同于一段注释，而对于支持 JavaScript 的浏览器，这段代码仍然会执行。至于"//"符号则是 JavaScript 里的注释符号，在这里添加它是为了防止 JavaScript 试图执行"—>"。不过通常情况下，现在的浏览器几乎都支持 JavaScript，即使是不支持的，也会合理地处理含有 JavaScript 的网页。

三、插入 JavaScript 的位置

JavaScript 脚本可以放在网页的 head 里或者 body 部分，而且效果也不相同。

（1）放在 body 部分的 JavaScript 脚本在网页读取到该语句时就会执行，例如：

```
<html>
<body>
<script type="text/JavaScript">
<!—
document.write("我是菜鸟我怕谁!");
//—>
</script>
</body>
```

（2）在 head 部分的脚本在被调用时才会执行，例如：

```
<html>
<head>
<script type="text/JavaScript">
....
</script>
</head>
```

通常在"<script>...</script>"中定义函数，通过调用函数来执行 head 里的脚本。

（3）也可以像添加外部 CSS 一样添加外部 JavaScript 脚本文件，其后缀通常为".js"。例如：

```
<html>
<head>
<script src="scripts.js"></script>
</head>
<body>
</body>
</html>
```

如果很多网页都需要包含一段相同的代码，那么将这些代码写入一个外部 JavaScript 文件是最好的方法。此后，任何一个需要该功能的网页，只需要引入这个 JavaScript 文

件就可以了。

注意：脚本文件里不能再含有 <script> 标签。

注：放在 body 里的函数是一个例外，它并不会被执行，而是等被调用时才会执行。关于函数与调用的概念将在后面讲到。

四、JavaScript 语句

语句是编程的一个基本概念。在 JavaScript 中，一行的结束就被认定为语句的结束，但是最好还是要在结尾加上一个分号";"来表示语句的结束。这是一个编程的好习惯，事实上在很多语言中句末的分号都是必需的。看看下面这个代码块，document.write 的功能是输出文本：

```
<script type="text/javascript">
{
document.write("<h1>This is a header</h1>");
document.write("<p>This is a body</p>");
document.write("<p>This is another body</p>");
}
</script>
```

五、JavaScript 注释

（1）单行注释。插入单行注释的符号是"//"：

```
<script type="text/javascript">
//在页面上输出"你好"
document.write("你好");
</script>
```

（2）多行注释。多行注释以"/*"开始，以"*/"结束：

```
<script type="text/javascript">
/*
注释内容,要完整体现代码的作用
帮助其他程序员进行后期维护
*/
document.write("我的网页!!");
</script>
```

注释的作用就是记录自己在编程时的思路，以便以后自己阅读代码时可以马上找到思路。同样，注释也有助于别人阅读自己书写的 JavaScript 代码。总之，书写注释是一个良好的编程习惯。

六、JavaScript 变量

1. 变量的含义

在代数中会遇到下面的基础问题：如果 a 的值为 5，b 的值为 6，那么 a 与 b 的和是多少？在这个问题中，就可以把 a 和 b 看作变量，再设置一个变量 c 来保存 a 与 b 的和。那么，上面的这个问题就可以用以下 JavaScript 代码表示：

```
<script type="text/javascript">
//计算 a + b 的和
a = 5;//给变量 a 赋值
b = 6;//给变量 b 赋值
c = a + b;//c 为 a + b 的和
document.write(c);//输出 c 的值
</script>
```

执行结果：11。

在上面的例子中，用到了 3 个变量，即 a、b、c。这些都是变量的名字，在 JavaScript 中，需要用变量名来访问这个变量。在 JavaScript 中，变量名有以下规定。

(1) 变量名区分大小写，A 与 a 是两个不同的变量。

(2) 变量名必须以字母或者下划线开头。

2. 声明变量

可以用 var 声明变量，比如：

```
<script type="text/javascript">
var a;//声明一个变量 a
a = 5;//给变量赋值
</script>
```

其实在第一个例子中已经看到了，JavaScript 中可以不声明变量直接赋值。不过先声明变量是一个良好的编程习惯。

3. 给变量赋值

之前已经提到过，a 是变量，是可以变的，所以从某种角度来说，它不等于任何值，只是暂时的等于某个值。来看下面这个例子：

```
a = 5;//让 a 等于 5
a = 6;//让 a 等于 6
```

4. 变量的数据类型

其实，在 JavaScript 中，变量是无所不能的容器，可以把任何类型的数据存储在变量里，例如：

```
var quanNeng1 = 123;//数字
var quanNeng2 = "一二三"//字符串
```

其中，quanNeng2 变量存储了一个字符串，字符串需要用一对引号括起来。变量还可以存储更多的东西，如数组、对象、布尔值等。

七、流程控制语句

1. if…else 语句

if…else 语句使得程序具有简单的判断能力。在介绍 if 之前，先来了解一下布尔值这个概念。

1）布尔（Bool）值

变量可以用来存储布尔值。简单地说，布尔值的作用就是用来表示"真的或假的"。所以，布尔值其实只有两种取值，即真（true）和假（false）。

2）if…else 结构

其实"if…else"的意思和字面意思是一样的，就是"如果""否则"。还是来看一个使用 if 的例子吧。

```
<script type="text/JavaScript">
Var hobby = "VbScript";
if (hobby == "JavaScript")
{
document.write("不是微软发明的");
}
</script>
```

我们来解释一下这段代码。首先是一个"if"，它后面紧跟着一个括号，括号里则是一个条件，确切地说是一个布尔值。当条件成立时，这个值是 true，"{}"里的语句将会被执行；否则这个值是 false，"{}"里的语句将被忽略。

具体到我们的例子，因为 hobby 变量的值是"VbScript"，所以不做回答。如果 hobby 变量的值是"JavaScript"，则回答"不是微软发明的"。注意"=="这个符号，这个符号用来判断左右两边是否相等。如果不是 JavaScript，那么没有任何输出。如果希望它能对这种情况做出反应，可以请 else 来帮忙，看下面的代码：

```
<script type="text/JavaScript">
var hobby = "JavaScript"
if (hobby == "JavaScript")
{
document.write("不是微软发明的");
}
```

```
else//如果不是JavaScript
{
document.write("是微软发明的");
}
</script>
```

上面的代码用到了"else",它会给 if 添加一种"否则"的状态。当 hobby 不是"JavaScript"时,它会表明"是微软发明的"。

3) if…else 嵌套

如果想做更多的判断,可以用 if 的嵌套,看下面的代码:

```
<script type="text/JavaScript">
var hobby = "JavaScript"
if ( hobby == "JavaScript")
{
document.write("不是微软发明的");
}
else if ( hobby == "java")//如果是java
//注意:这个 if 是嵌套在上一个 if…else 中的 else 中的
{
document.write("java 支持 jsp");
}
else//既不是 JavaScript 又不是 java
{
document.write("没有选择 java 或 javascript");
}
</script>
```

第二个 if 只有在第一个 if 的条件不成立时才有机会执行。

2. switch 语句

当有很多种选项时,switch 比 if…else 使用更方便。利用 if…else 可以让程序具有基本的判断能力,而使用嵌套的 if…else 则可以让程序对多种情况进行判断。但是当情况的种类比较多时,使用 switch 语句更合适。

比如要实现以下功能:输入一个学生的考试成绩,按照每10分一个等级将成绩分等,程序将根据成绩的等级做出不同的评价。思路:将分数转化为特定等级,以便 switch 处理。判断分数属于哪种等级。根据分数等级做出评价,如低于60分给出挂科评价。

翻译成 JavaScript 就是以下代码(注意注释):

```
<script type="text/JavaScript">
//首先,我们用score变量来存储分数,假设为65分
var score = 65;
//用分数除以10,parseInt的作用是把它转换为整数
//暂时不用深究,()内最后的结果为6
switch (parseInt(score /10))
{
//switch开始实现判断过程,case 6得到满足
 case 0: case 1: case 2: case 3: case 4: case 5: degree = "不及格!"; break;
//根据不同的等级做出不同的行为。冒号后面的语句就是行为。case0~5的行为都是下面这个语句
  case 6: degree = "及格"; break;
  case 7: degree = "良";break;
  case 8: degree = "良好"; break;
  case 9: case 10: degree = "优秀";
}
</script>
```

记得在每个 case 所执行的语句里添加上一个 break 语句。当发现某个 case 满足后,该 switch 中在 case 后的所有语句都会被执行。break 语句就是为了让 switch "停下来"。

八、for 循环

循环就是重复执行一段代码。前面已经看到了,if…else 是使 JavaScript 具有判断的能力,但是计算机的判断能力和人比起来差远了。计算机更擅长一件事情——不停地重复。在 JavaScript 中把这叫作循环。

for 语句结构如下：

```
for(初始条件;判断条件;循环后动作)
{
    循环代码
}
```

让我们来看一个简单的例子：输出 1~10 个数字。有了 for 循环,很少的代码就可以实现 10 个数字的输出。

```
<script type="text/JavaScript">
var i =1;
for (i =1;i <=10;i ++)
{
```

```
document.write(i+",");
}
</script>
```

结果如下：

1,2,3,4,5,6,7,8,9,10

在上面的例子中，循环恰好执行了 10 次，那么和"for（i = 1；i <= 10；i ++)"语句中的 10 是不是 10 次的意思呢？下面就来看看 for 循环的工作机制。

首先"i =1"叫作初始条件，也就是说从哪里开始，特别地，该例子是从 i =1 开始。

出现在第一个分号后面的"i <= 10"表示判断条件，每次循环都会先判断这个条件是否满足，如果满足则继续循环；否则停止循环，继续执行 for 循环后面的代码。你可能想问，设定了"i <= 10"，岂不是永远都小于等于 10 吗？来看第三个部分。

最后的"i ++"表示让 i 在自身的基础上加 1，这是每次循环后的动作。也就是说，每次循环结束，i 都会比原来大 1，执行若干次循环后，"i <= 10"的条件就不满足了，这时循环结束。于是 for 循环后面的代码将被执行。

任务八 网页特效的制作——焦点图

【焦点图】

（1）用鼠标选中某个小图片后，在上方显示大的展示图片，如图 3 - 91 所示。

图 3 - 91

（2）网站首页左上角都有一个焦点图，每隔一段时间进行切换或者是单击右下角的数字进行图片的切换。如图 3 - 92 所示。

图 3-92

【广告要求】

利用 JavaScript 技术制作商品焦点图效果。

【需求分析】

(1) 准备相应的图片。

(2) 编写 CSS 文件，设置图片文字大小。

(3) 在 HTML 中加入 div 标签和 css 样式控制图片的位置。

【知识目标】

(1) 掌握 JavaScript 基础知识。

(2) 掌握 CSS 知识。

(3) 掌握 Photoshop 的应用。

【能力目标】

培养学生利用 JavaScript 代码制作粘贴广告的能力。

【设计步骤】

一、显示大图片的焦点图

(1) 准备 16 张图片，将图片文件存放在 image 文件夹中。

(2) 编写代码。

①编写 JavaScript 文件：

```
<SCRIPT language = javascript>
var n = 0;
var nums = 8    ;
var showNum = document.getElementById("thumbBtn");
var autoStart;
function Mea(value)
```

```
}
n = value;
if ( navigator. appName = = " Microsoft Internet Explorer "){with
(mainImg){filters[0].Apply();}}
for(var i = 0;i < nums;i ++ )
{
showNum.getElementsByTagName("div")[i].className = value ==
                                              i?'on':'off';
document.getElementById("mainImg").getElementsByTagName("div")
[i].className = value == i?'dis':'undis';
document.getElementById("mainTxt").getElementsByTagName("div")
[i].className = value == i?'dis':'undis';
}
if(navigator.appName == "Microsoft Internet Explorer"){with(mainImg)
{filters[0].play();}}
function clearAuto(){clearInterval(autoStart)}
function setAuto(){ autoStart = setInterval("auto(n)", 3000)}
function auto(){ n ++; if(n >(nums - 1))n = 0; Mea(n);}
</SCRIPT >
```

②编写 CSS 文件，将 CSS 文件保存为 shezghi.css 文件：

```
body,h1,h2,h3,h4,h5,h6,p,ul,ol,li,form,img,dl,dt,dd,table,th,td,
blockquote,fieldset,div,strong,label,em{margin:0;padding:0;
border:0;}
ul,ol,li{list - style:none;}
input,button{margin:0;font - size:12px;vertical - align:middle;}
body{font - size:12px;font - family:Arial, Helvetica, sans - serif;
margin:0 auto;}
table{border - collapse:collapse;border - spacing:0;}
.clearfloat{height:0;font - size:1px;clear:both;line - height:0;}
a{color:#333;text - decoration:none;}
a:hover{color:#ef9b11; text - decoration:underline;}
.dis {DISPLAY: block}
.undis {DISPLAY: none}
.box{ width:640px; margin:20px auto;}
#focuspic {BACKGROUND: #2e2e2e; WIDTH: 640px; PADDING - TOP: 10px;
HEIGHT: 479px}
```

```css
#focuspic.imgWrap {MARGIN: 0px auto; WIDTH: 620px; POSITION: relative; HEIGHT: 370px}
#focuspic.imgWrap img{ width:620px; height:370px;}
#focuspic.imgbox {Z-INDEX: 99; MARGIN: 0px auto; WIDTH: 620px; POSITION: absolute; HEIGHT: 370px}
#focuspic.imgWrap.txtbg {Z-INDEX: 999; BACKGROUND: none transparent scroll repeat 0% 0% ; FILTER: progid:DXImageTransform.Microsoft.AlphaImageLoader(enabled=true, src ='http://www.niutuku.com/myweb/hihilinxuan/template/hihilinxuan/cssjs/201008/qqpic/images/pic_bg.png'); LEFT: 0px; WIDTH: 620px; POSITION: absolute; TOP: 267px; HEIGHT: 103px }
#focuspic.ftxt {Z-INDEX: 9999; LEFT: 0px; OVERFLOW: hidden; WIDTH: 620px; LINE-HEIGHT: 23px; POSITION: absolute; TOP: 283px; HEIGHT: 90px}
#focuspic.ftxt P { MARGIN: 0px auto; WIDTH: 585px}
#focuspic.ftxt.colfff {FONT-SIZE: 20px; COLOR: #fff; FONT-FAMILY: }
#focuspic.ftxt.colfff A {COLOR: #fff}
#focuspic.ftxt.colfff A:visited {COLOR: #fff}
#focuspic.ftxt.colfff A:hover {COLOR: #fff}
#focuspic.ftxt.colhui {COLOR: #c1c1c1}
#focuspic.ftxt.mart10 {MARGIN-TOP: 10px}
.thumbWrap {MARGIN: 9px auto 0px; WIDTH: 628px}
.thumbWrap DIV {DISPLAY: inline; FLOAT: left; MARGIN: 0px 0px 0px 0px; WIDTH: 78px; CURSOR: pointer; HEIGHT: 80px   //设置图片排列}
.thumbWrap DIV IMG {MARGIN: 0px; WIDTH: 82px; HEIGHT: 80px}
.thumbWrap DIV.on IMG {BORDER-BOTTOM: #f00 3px solid}
.thumbWrap DIV.off IMG {BACKGROUND: #000; FILTER: alpha(Opacity=60); -moz-opacity: 0.6}
```

③编写 HTML 文件，将 JavaScript 代码复制到 <body> 标签内：

```html
<META http-equiv=Content-Type content="text/html; charset=gb2312">
<LINK href="css/niutuku.css" type=text/css rel=STYLESHEET>
<META content="MSHTML 6.00.6000.17080" name=GENERATOR>
</HEAD>
<BODY>
```

```html
<div class=box>
<div id=focuspic>
<div class=imgWrap>
<div class=imgbox id=mainImg style="FILTER: progid:DXImageTransform.Microsoft.Fade(duration=0.5,overlap=1.0)">
<div class=dis>
<a href="http://ruyi518.taobao.com/" target=_blank>
<img src="images/1-1.png">
</a>
</div>
<div class=undis>
<a href="http://ruyi518.taobao.com/" target=_blank>
<img src="images/2-2.png"/>
</a>
</div>
<div class=undis>
<a href="http://ruyi518.taobao.com/" target=_blank>
<img src="images/3-3.png"/>
</a>
</div>
<div class=undis>
<a href="http://ruyi518.taobao.com/" target=_blank>
<img src="images/4-4.png"/>
</a>
</div>
<div class=undis>
<a href="http://ruyi518.taobao.com/" target=_blank>
<img src="images/5-5.png"/>
</a>
</div>
<div class=undis>
<a href="http://ruyi518.taobao.com/" target=_blank>
<img src="images/6-6.png"/>
</a>
</div>
```

```html
<div class=undis>
<a href="http://ruyi518.taobao.com/" target=_blank>
<img src="images/7-7.png"/>
</a>
</div>
<div class=undis>
<a href="http://ruyi518.taobao.com/" target=_blank>
<img src="images/8-8.png"/>
</a>
</div>
</div>
<div class=txtbg>
</div>
<div class="ftxt color_3332" id=mainTxt>
<div class=dis>
</div>
<div class=undis>
</div>
<div class=undis>
</div>
<div class=undis>
</div>
<div class=undis>
</div>
<div class=undis>
</div>
<div class=undis>
</div>
<div class=undis>
</div>
</div>
</div>
<div class=thumbWrap id=thumbBtn>
<div class=on onmouseover=clearAuto();Mea(0);>
<img src="images/1.png"/>
```

```
</div>
<div class =off onmouseover =clearAuto();Mea(1);>
<img src = "images/2.png"/>
</div>
<div class =off onmouseover =clearAuto();Mea(2);>
<img src = "images/3.png"/>
</div>
<div class =off onmouseover =clearAuto();Mea(3);>
<img src = "images/4.png" >
</div>
<div class =off onmouseover =clearAuto();Mea(4);>
<img src = "images/5.png" >
</div>
<div class =off onmouseover =clearAuto();Mea(5);>
<img src = "images/6.png" >
</div>
<div class =off onmouseover =clearAuto();Mea(6);>
<img src = "images/7.png" >
</div>
<div class =off onmouseover =clearAuto();Mea(7);>
<img src = "images/8.png" >
</div>
</div>
</div>
//将javascript 代码复制到此位置
</div>
<div style = "width:98%;margin:20px auto; padding:50px 0; clear:both; overflow:hidden;" >
</div>
</BODY>
</HTML>
```

（3）双击保存的网页文件即可看到最终的焦点图广告效果，如图 3-93 所示。

（4）如果更换图片，那么需要对以下的内容进行修改。

①如果更换小图片，只需要更改 JavaScript 文件的以下内容中方框里的部分即可：

图 3-93

```
<div class=on onmouseover=clearAuto();Mea(0);>
    <img src="images/1.png"/> </div>
<div class=off onmouseover=clearAuto();Mea(1);>
    <img src="images/2.png"/> </div>
<div class=off onmouseover=clearAuto();Mea(2);>
    <img src="images/3.png"/> </div>
<div class=off onmouseover=clearAuto();Mea(3);>
    <img src="images/4.png"> </div>
<div class=off onmouseover=clearAuto();Mea(4);>
    <img src="images/5.png"> </div>
<div class=off onmouseover=clearAuto();Mea(5);>
    <img src="images/6.png"> </div>
<div class=off onmouseover=clearAuto();Mea(6);>
    <img src="images/7.png"> </div>
<div class=off onmouseover=clearAuto();Mea(7);>
    <img src="images/8.png"> </div>
```

②如果更换大图片，可以修改下面 JavaScript 代码中方框里的部分即可：

```
<div class=imgbox id=mainImg style="FILTER: progid:DXImageTransform.Microsoft.Fade(duration=0.5,overlap=1.0)">
```

```
<div class =dis >
    <a href ="http://ruyi518.taobao.com/" target =_blank >
    <img src ="images/1-1.png" ></a></div>
<div class =undis >
    <a href ="http://ruyi518.taobao.com/" target =_blank >
    <img src ="images/2-2.png"/></a></div>
<div class =undis >
    <a href ="http://ruyi518.taobao.com/" target =_blank >
    <img src ="images/3-3.png"/></a></div>
<div class =undis >
    <a href ="http://ruyi518.taobao.com/" target =_blank >
    <img src ="images/4-4.png"/></a></div>
<div class =undis >
    <a href ="http://ruyi518.taobao.com/" target =_blank >
    <img src ="images/5-5.png"/></a></div>
<div class =undis >
    <a href ="http://ruyi518.taobao.com/" target =_blank >
    <img src ="images/6-6.png"/></a></div>
<div class =undis >
    <a href ="http://ruyi518.taobao.com/" target =_blank >
    <img src ="images/7-7.png"/></a></div>
<div class =undis >
    <a href ="http://ruyi518.taobao.com/" target =_blank >
    <img src ="images/8-8.png"/></a></div>
```

③根据图片的尺寸修改 CSS 文件的相关内容，下面修改的是小图片的宽度和高度：

```
.thumbWrap DIV IMG {MARGIN: 0px; WIDTH: 82px; HEIGHT: 80px}
```

④根据图片的尺寸修改 CSS 文件的相关内容，下面修改的是大图片的宽度和高度：

```
#focuspic.imgWrap {MARGIN: 0px auto; WIDTH: 620px; POSITION: relative; HEIGHT: 370px}
```

二、轮播效果的焦点图

（1）准备 8 张图片，将图片文件存放在 image 文件夹中。

(2) 编写 JavaScript 代码，将文件保存为 jd.js：

```javascript
function getid(obj)//取对应 id 的元素
{
return document.getElementById(obj);
}
function getNames(obj,name,tij)//取 obj 元素下标签为 tij 的元素,并要求满
                                足 name 属性=name;返回一个数组
{
var p = getid(obj);
var plist = p.getElementsByTagName(tij);
var rlist = new Array();
for(i=0;i<plist.length;i++)
{
if(plist[i].getAttribute("name") == name)
{
rlist[rlist.length] = plist[i];
}
}
return rlist;
}
function ri(obj)//取得对应的小图列表中当前元素对应的序号
{
var p = getid("simg").getElementsByTagName("li");
for(i=0;i<p.length;i++)
{
if(obj == p[i])
{
return i;
}
}
}
function ci(obj)//小图选择框的处理函数
{
var p = getid("simg").getElementsByTagName("li");
for(i=0;i<p.length;i++)
```

```
{
if(obj ==p[i])
{
p[i].className = "s";
}
else
{
p[i].className = "";
}
}
}
function fiterplay(obj,num,t,name)//类似页卡的函数,设置对应内容的隐藏和
显示。obj:元素的 id,name:元素对应的 name 属性的值, t:对应内容的标签,num:当
前选择的元素序号
{
var fitlist = getNames(obj,name,t);
for(i =0;i < fitlist.length;i ++)
{

if(i == num)
{
fitlist[i].className = "dis";
}
else
{
fitlist[i].className = "undis";
}
}
}
function play(obj,n1,n2)//播放的函数
{
var p = obj.parentNode.getElementsByTagName("li");
var bimg = getid(n1);
var infos = getid(n2);
var num = ri(obj);
```

```
try         //ie下的处理部分
{
with(bimg)
{
filters[0].Apply();//接收滤镜
ci(obj); //变换小图的选择,可以放在try 以外
fiterplay(n1,num,"div","f");//设置滤镜中对应部分的显示和隐藏
filters[0].play();//播放滤镜
//alert(p[0].innerASP)
}
with(infos)
{
filters[0].Apply();//接收滤镜
ci(obj); //变换小图的选择,可以放在try 以外
fiterplay(n2,num,"div","f");//设置滤镜中对应部分的显示和隐藏
filters[0].play();//播放滤镜
}
}
catch(e)//ff下的处理部分
{
ci(obj);
fiterplay(n1,num,"div","f");
fiterplay(n2,num,"div","f");
}
}
var n=0;
function clearAuto() {clearInterval(autoStart);};
function setAuto(){autoStart=setInterval("auto(n)",10000)}
function auto()
{
var x = getid("simg").getElementsByTagName("li");
n++;
if(n>x.length-1)n=0;
play(x[n],"bimg","infos");
}
setAuto();
```

(3) 编写 HTML 文件, 将文件保存为 index.htm:

```html
<!DOCTYPE html PUBLIC "-//W3C//DTD XHTML 1.0 Transitional//EN" "http://www.w3.org/TR/xhtml1/DTD/xhtml1-transitional.dtd">
<html xmlns="http://www.w3.org/1999/xhtml">
<head>
<meta http-equiv="Content-Type" content="text/html; charset=utf-8" />
<title>无标题文档</title>
<script type="text/javascript" src="jd.js">
</script>
<style type="text/css">
*{margin:0px;padding:0px;}/*定义所有元素的外边界与内边界为0*/
body{font:9pt/20px Arial,"宋体";color:#3f3f3f;background:url(images/background.gif);padding:50px;}
/*------------------焦点图片------------------*/
#bimg{width:764px;height:388px;FILTER:progid:DXImageTransform.Microsoft.Fade(duration=0.5,overlap=1.0);}
.HomePickNo{position:absolute;z-index:4;width:200px;height:20px;margin-top:364px;color:#fff;padding-left:573px;!important;_background:#000;
filter:Alpha(Opacity=0,-moz-opacity:0,FinishOpacity=100,-moz-FinishOpacity=100,Style=3,StartX=0,StartY=0,FinishX=100,FinishY=140);}
#simg TD,#simg li{float:left;border-left:6px solid #858484;height:20px;line-height:20px;display:block;text-align:center;width:17px;display:block;background:#000;color:#fff;cursor:hand;}
#simg.s{BACKGROUND:red}
.dis{display:block;}
.dis img{width:764px;height:388px;}
.undis{display:none;line-height:0px;height:0px;}
#infos{line-height:20px;}

</style>
</head>
<body>
```

```html
<div id="News_pic_border">
<div class="HomePickNo">
<ul id="simg">
<li class="s" onMouseOver="play(this,'bimg','infos');clearAuto();" onmouseout="setAuto()">1</li>
<li onMouseOver="play(this,'bimg','infos');clearAuto();" onmouseout="setAuto()">2</li>
<li onMouseOver="play(this,'bimg','infos');clearAuto();" onmouseout="setAuto()">3</li>
<li onMouseOver="play(this,'bimg','infos');clearAuto();" onmouseout="setAuto()">4</li>
<li onMouseOver="play(this,'bimg','infos');clearAuto();" onmouseout="setAuto()">5</li>
<li onMouseOver="play(this,'bimg','infos');clearAuto();" onmouseout="setAuto()">6</li>
<li onMouseOver="play(this,'bimg','infos');clearAuto();" onmouseout="setAuto()">7</li>
<li onMouseOver="play(this,'bimg','infos');clearAuto();" onmouseout="setAuto()">8</li>
</ul>
</div>
<div id="bimg">
<div class="dis" name="f">
<a href="#1" target=_blank>
<img src="images/1.png" alt="text1" border="0"/>
</a>
</div>
<div class="undis" name="f">
<a href="#2" target=_blank>
<img src="images/2.png" alt="text2" border="0"/>
</a>
</div>
<div class="undis" name="f">
<a href="#3" target=_blank>
<img src="images/3.png" alt="text3" border="0"/>
</a>
```

```html
</div>
<div class = "undis" name = "f" >
<a href = "#4" target = _blank >
<img src = "images/4.png" alt = "text4" border = "0"/>
</a>
</div>
<div class = "undis" name = "f" >
<a href = "#5" target = _blank >
<img src = "images/5.png" alt = "text5" border = "0"/>
</a>
</div>
<div class = "undis" name = "f" >
<a href = "#6" target = _blank >
<img src = "images/6.png" alt = "text5" border = "0"/>
</a>
</div>
<div class = "undis" name = "f" >
<a href = "#7" target = _blank >
<img src = "images/7.png" alt = "text5" border = "0"/>
</a>
</div>
<div class = "undis" name = "f" >
<a href = "#8" target = _blank >
<img src = "images/8.png" alt = "text5" border = "0"/>
</a>
</div>
</div>
</div>
</body>
</html>
```

(4) 双击 index.htm 文件，可在浏览器中看到最终的广告效果，如图 3-94 所示。

(5) 更换新的图片，需要修改以下 HTML 代码中的方框里的部分：

图 3-94

```
<div class = "dis" name = "f">
<a href = "#1" target =_blank>
<img src = "images/1.png" alt = "text1" border = "0"/>
</a>
</div>
<div class = "undis" name = "f">
<a href = "#2" target =_blank>
<img src = "images/2.png" alt = "text2" border = "0"/>
</a>
</div>
<div class = "undis" name = "f">
<a href = "#3" target =_blank>
<img src = "images/3.png" alt = "text3" border = "0"/>
</a>
</div>
<div class = "undis" name = "f">
<a href = "#4" target =_blank>
<img src = "images/4.png" alt = "text4" border = "0"/>
</a>
</div>
<div class = "undis" name = "f">
<a href = "#5" target =_blank>
<img src = "images/5.png" alt = "text5" border = "0"/>
```

```
</a>
</div>
<div class="undis" name="f">
<a href="#6" target=_blank>
<img src="images/6.png" alt="text5" border="0"/>
</a>
</div>
<div class="undis" name="f">
<a href="#7" target=_blank>
<img src="images/7.png" alt="text5" border="0"/>
</a>
</div>
<div class="undis" name="f">
<a href="#8" target=_blank>
<img src="images/8.png" alt="text5" border="0"/>
</a>
</div>
```

（6）根据图片的尺寸修改相关的 CSS 内容，需要修改以下 HTML 代码中方框里的部分：

```
#bimg{width:764 px;height:388 px;FILTER: progid:DXImageTransform.Microsoft.Fade ( duration=0.5, overlap=1.0 );}
```

案例模拟

【制作淘宝店的焦点广告】

效果图如图 3-95 所示。

图 3-95

模拟要求如下。
- 准备 3 张图片，通过 Photoshop 修改为合适的尺寸。
- 编写 CSS 文件，设置图片文字大小。
- 在 HTML 中加入 div 标签和 css 样式，控制图片的位置。

任务九　网页特效的制作——轮播效果

【轮播效果】

进入网站主页后，每隔一段时间更换一张图片或者单击左右箭头进行展示，如图 3-96 所示。

图 3-96

【广告要求】

利用 JavaScript 技术制作商品轮播广告效果。

【需求分析】

（1）准备 10 张图片，通过 Photoshop 修改为合适的尺寸。

（2）编写 CSS 文件，设置图片文字大小。

（3）在 HTML 中加入 div 标签和 css 样式，控制图片的位置。

【知识目标】

（1）掌握 JavaScript 知识。

（2）掌握 CSS 知识。

【能力目标】

培养学生利用 JavaScript 代码制作轮播广告的能力。

【设计步骤】

（1）修改图片尺寸，并将图片文件保存到 image 文件夹中。

（2）编写 CSS 代码，将该文件保存为 layout.css。

```css
@charset "utf-8";
html{
overflow:-moz-scrollbars-vertical;
margin:0;
padding:0;
}
*{font-family:Arial,Helvetica,sans-serif;}
body{
    margin:0px;
    padding:0px;
    font:"宋体","黑体";
    background:#ffffff url(../images/bg_body.png) repeat-x 0 18px;}
body,td,th,input,textarea,select,a{font-size:12px;}
form{
    padding:0;
    margin:0;display:inline;}
input,textarea,select{margin:3px 0px;}
a,a:visited{
        /*color:#1B57A3;*/
        cursor:pointer;
        text-decoration:none;}
a:hover{
    text-decoration:none;
    color:#CC0000;}
a img{border:none;}
p{
  margin-top:0px;
}
img{
    border:0;
    padding:0;
    margin:0;
}
h1,h2,h3{
        margin:0;
        padding:0
```

```css
}
ul, li {
        margin:0;
        padding:0;
        list-style:none;
}
.clear {
        clear:both;
}
/*产品滚动*/
.showpro{
width:600px;
height:180px;
overflow:hidden;
no-repeat center;
margin: 0 auto;}
.blk_29 {margin-top:55px;OVERFLOW: hidden;ZOOM: 1;
        POSITION: relative;}
.blk_29 .LeftBotton {
BACKGROUND: url(../images/ca_hz_002.gif) no-repeat 0px 0px;
LEFT: 0px; FLOAT: left; WIDTH: 11px; CURSOR: pointer; POSITION: absolute; TOP: 10px;
HEIGHT: 114px
}
.blk_29 .RightBotton {
RIGHT: 0px; BACKGROUND: url(../images/ca_hz_002.gif) no-repeat -11px 0px;
FLOAT: right; WIDTH: 11px; CURSOR: pointer; POSITION: absolute; TOP: 10px; HEIGHT: 114px
}
.blk_29 .Cont {
        MARGIN: 0px auto;
        OVERFLOW: hidden;
        /*WIDTH: 888px;*/
        PADDING-TOP: 5px;
}
```

```css
.blk_29 .pic {
        FLOAT: left;
        WIDTH: 150px;
        TEXT-ALIGN: center;
}
.blk_29 .pic IMG {
        BORDER: #cccccc 1px solid;
        PADDING: 3px;
        DISPLAY: block;
        BACKGROUND: #fff;
        MARGIN: 0px auto;
        height:148px;
        width:213px;
}
.blk_29 .pic A:hover IMG {
        BORDER: #ffffff 1px solid;
}
```

（3）编写 JavaScript 代码，将该文件保存为 left-right.js：

```javascript
var sina = {
$:function(objName)
{if(document.getElementById)
    {return eval('document.getElementById("'+objName+'")')}
  Else
  {return eval('document.all.'+objName)}},
  isIE:navigator.appVersion.indexOf("MSIE")!=-1?true:false,
  addEvent:function(l,i,I)
  {if(l.attachEvent)
  {l.attachEvent("on"+i,I)}
  Else
  {l.addEventListener(i,I,false)}},
  delEvent:function(l,i,I)
  {if(l.detachEvent)
  {l.detachEvent("on"+i,I)}
  Else
  {l.removeEventListener(i,I,false)}},
```

```javascript
readCookie:function(O)
{var o = "",l = O + " = ";
  if(document.cookie.length >0)
      {var i = document.cookie.indexOf(l);
          if(i! = -1)
          {i + = l.length;
              var I = document.cookie.indexOf(";",i);
              if( I == -1)I = document.cookie.length;
              o = unescape(document.cookie.substring(i,I)) }};
              return o },
              writeCookie:function(i,l,o,c)
              {var O = "",I = "";
                  if(o! = null)
                  {O = new Date((new Date).getTime() +o*3600000);O = ";
                      expires = " +O.toGMTString()};
                  if(c! = null)
                  {I = ";domain = " +c};
                  document.cookie = i + " = " + escape(l) +O + I},
                  readStyle:function(I,l)
                  {if(I.style[l]){return I.style[l]}
                  else if(I.currentStyle)
                  {return I.currentStyle[l]}
                  else if(document.defaultView&&document.defaultView.getComputedStyle)
                  {var i = document.defaultView.getComputedStyle(I,null);
                      return i.getPropertyValue(l)}
                  else{return null}
                  }};

//滚动图片构造函数
function ScrollPic(scrollContId,arrLeftId,arrRightId,dotListId)
{
this.scrollContId = scrollContId; this.arrLeftId = arrLeftId; this.arrRightId = arrRightId;
this.dotListId = dotListId;this.dotClassName = "dotItem";
```

```
this.dotOnClassName = "dotItemOn";
this.dotObjArr =[];
this.pageWidth =0;
this.frameWidth =0;
this.speed =10;
this.space =10;
this.pageIndex =0;
this.autoPlay =true;
this.autoPlayTime =5;
var _autoTimeObj,_scrollTimeObj,_state = "ready";
this.stripDiv = document.createElement("DIV");
this.listDiv01 = document.createElement("DIV");
this.listDiv02 = document.createElement("DIV");
if(!ScrollPic.childs)
    {ScrollPic.childs =[]};
this.ID = ScrollPic.childs.length;
ScrollPic.childs.push(this);
this.initialize = function(){if(!this.scrollContId){throw new Error("必须指定scrollContId.");return};
this.scrollContDiv = sina.$(this.scrollContId);if(!this.scrollContDiv)
{throw new Error("scrollContId 不是正确的对象.(scrollContId = ""+this.scrollContId+"")");return};
this.scrollContDiv.style.width = this.frameWidth + "px";
this.scrollContDiv.style.overflow = "hidden";
this.listDiv01.innerHTML = this.listDiv02.innerHTML = this.scrollContDiv.innerHTML;
this.scrollContDiv.innerHTML = "";
this.scrollContDiv.appendChild(this.stripDiv);
this.stripDiv.appendChild(this.listDiv01);
this.stripDiv.appendChild(this.listDiv02);
this.stripDiv.style.overflow = "hidden";
this.stripDiv.style.zoom = "1";
this.stripDiv.style.width = "32766px";
this.listDiv01.style.cssFloat = "left";
this.listDiv02.style.cssFloat = "left";
sina.addEvent(this.scrollContDiv,"mouseover",Function("ScrollPic.childs["+this.ID+"].stop()"));
```

```
sina.addEvent(this.scrollContDiv,"mouseout",Function("ScrollPic.
childs["+this.ID+"].play()"));
if(this.arrLeftId){this.arrLeftObj=sina.$(this.arrLeftId);
if(this.arrLeftObj)
    {sina.addEvent(this.arrLeftObj,"mousedown",Function("ScrollPic.
childs["+this.ID+"].rightMouseDown()"));
sina.addEvent(this.arrLeftObj,"mouseup",Function("ScrollPic.
childs["+this.ID+"].rightEnd()"));
sina.addEvent(this.arrLeftObj,"mouseout",Function("ScrollPic.
childs["+this.ID+"].rightEnd()"))}};
if(this.arrRightId)
    {this.arrRightObj=sina.$(this.arrRightId);
      if(this.arrRightObj)
        {sina.addEvent(this.arrRightObj,"mousedown",Function("
ScrollPic.childs["+this.ID+"].leftMouseDown()"));
          sina.addEvent(this.arrRightObj,"mouseup",Function("
ScrollPic.childs["+this.ID+"].leftEnd()"));
          sina.addEvent(this.arrRightObj,"mouseout",Function("
ScrollPic.childs["+this.ID+"].leftEnd()"))}};
if(this.dotListId){this.dotListObj=sina.$(this.dotListId);
if(this.dotListObj)
{var pages=Math.round(this.listDiv01.offsetWidth/this.frameWidth
+0.4),i,tempObj;
for(i=0;i<pages;i++)
{tempObj=document.createElement("span");
    this.dotListObj.appendChild(tempObj);
    this.dotObjArr.push(tempObj);
    if(i==this.pageIndex)
        {tempObj.className=this.dotClassName}
        else{tempObj.className=this.dotOnClassName};
tempObj.title="第"+(i+1)+"页";
sina.addEvent(tempObj,"click",Function("ScrollPic.childs["+this.
ID+"].pageTo("+i+")"))}
}};
if(this.autoPlay){this.play()}};
this.leftMouseDown=function()
```

```
{if(_state! = "ready"){return};
    _state = "floating";
    _scrollTimeObj = setInterval("ScrollPic.childs[" + this.ID + "].
moveLeft()",this.speed)};
this.rightMouseDown = function()
{if(_state! = "ready"){return};
    _state = "floating";
    _scrollTimeObj = setInterval("ScrollPic.childs[" + this.ID + "].
moveRight()",this.speed)};
this.moveLeft = function()
{if(this.scrollContDiv.scrollLeft + this.space > = this.listDiv01.
scrollWidth)
    {this.scrollContDiv.scrollLeft = this.scrollContDiv.scrollLeft
+ this.space - this.listDiv01.scrollWidth}
    else{this.scrollContDiv.scrollLeft + = this.space};
this.accountPageIndex()};
this.moveRight = function()
    {if(this.scrollContDiv.scrollLeft - this.space < =0)
        {this.scrollContDiv.scrollLeft = this.listDiv01.scrollWidth
+ this.scrollContDiv.scrollLeft - this.space}
        else{this.scrollContDiv.scrollLeft - = this.space};this.
accountPageIndex()};
this.leftEnd = function()
    {if(_state! = "floating"){return};
        _state = "stoping";
        clearInterval(_scrollTimeObj);
        var fill = this.pageWidth - this.scrollContDiv.scrollLeft%
this.pageWidth;
        this.move(fill)};
this.rightEnd = function()
    {if(_state! = "floating"){return};
        _state = "stoping";
        clearInterval(_scrollTimeObj);
var fill = - this.scrollContDiv.scrollLeft% this.pageWidth;this.
move(fill)};
this.move = function(num,quick)
```

```
    {var thisMove = num/5;
       if(! quick)
           {if(thisMove > this.space)
              {thisMove = this.space};
                if(thisMove <- this.space)
                {thisMove =- this.space}};
if(Math.abs(thisMove) <1&&thisMove! =0)
   {thisMove = thisMove > =0? 1: -1}
   else{thisMove = Math.round(thisMove)};
   var temp = this.scrollContDiv.scrollLeft + thisMove;
   if(thisMove >0)
         {if(this.scrollContDiv.scrollLeft + thisMove > =this.listDiv01.
scrollWidth)
           {this.scrollContDiv.scrollLeft =this.scrollContDiv.scrollLeft +
thisMove -this.listDiv01.scrollWidth}
             else{this.scrollContDiv.scrollLeft + =thisMove}}
             else{if(this.scrollContDiv.scrollLeft - thisMove <=0)
                 {this. scrollContDiv. scrollLeft = this. listDiv01.
scrollWidth +this.scrollContDiv.scrollLeft - thisMove}
                 else{this.scrollContDiv.scrollLeft + =thisMove}};
           num -= thisMove;
           if(Math.abs(num) ==0)
              {_state = "ready";
                if(this.autoPlay){this.play()};
                this.accountPageIndex();
                return}
              else
                 {this.accountPageIndex();
                  setTimeout("ScrollPic.childs[ " + this.ID + "].move
(" +num +"," +quick +")",this.speed)}};
this.next = function()
{if(_state! = "ready"){return};
    _state = "stoping";
    this.move(this.pageWidth,true)};
this.play = function()
    {if(! this.autoPlay){return};
       clearInterval(_autoTimeObj);
```

```
        _autoTimeObj=setInterval("ScrollPic.childs["+this.ID+"].
next()",this.autoPlayTime*1000)};
this.stop=function()
    {clearInterval(_autoTimeObj)};
this.pageTo=function(num)
    {if(_state!="ready"){return};
        _state="stoping";
        var fill=num*this.frameWidth-this.scrollContDiv.scrollLeft;
        this.move(fill,true)};
this.accountPageIndex=function()
    {this.pageIndex=Math.round(this.scrollContDiv.scrollLeft/
this.frameWidth);
        if(this.pageIndex>Math.round(this.listDiv01.offsetWidth/
this.frameWidth+0.4)-1)
            {this.pageIndex=0};
var i;
for(i=0;i<this.dotObjArr.length;i++)
    {if(i==this.pageIndex)
        {this.dotObjArr[i].className=this.dotClassName}
            else{this.dotObjArr[i].className=this.dotOnClassName}}};
```

(4) 编写网页文件，保存为 index.htm 文件：

```
<!DOCTYPE html PUBLIC "-//W3C//DTD XHTML 1.0 Transitional//EN" "
http://www.w3.org/TR/xhtml1/DTD/xhtml1-transitional.dtd">
<html xmlns="http://www.w3.org/1999/xhtml">
<head>
<meta http-equiv="Content-Type" content="text/html; charset=utf-8" />
<title>JS横向带控制按钮滚动图片效果</title>
<link type="text/css" href="jc/layout.css" rel="stylesheet" />
<script type="text/javascript" src="jc/left-right.js">
</script>
</head>
<body>
<center>
<!--滚动图片 start-->
```

```html
<DIV class = "rollphotos showpro">
<DIV class =blk_29>
<DIV class =LeftBotton id =LeftArr>
</DIV>
<DIV class =Cont id =ISL_Cont_1>
<!-- 图片列表 begin -->
<div class ="pic">
<a href ="#" target ="_blank">
<img src ="images/1.jpg"/>
</a>
</div>
<div class ="pic">
<a href ="#" target ="_blank">
<img src ="images/2.jpg"/>
</a>
</div>
<div class ="pic">
<a href ="#" target ="_blank">
<img src ="images/3.jpg"/>
</a>
</div>
<div class ="pic">
<a href ="#" target ="_blank">
<img src ="images/4.jpg"/>
</a>
</div>
<div class ="pic">
<a href ="#" target ="_blank">
<img src ="images/5.jpg"/>
</a>
</div>
<div class ="pic">
<a href ="#" target ="_blank">
<img src ="images/6.jpg"/>
</a>
```

```html
</div>
<div class = "pic">
<a href = "#" target = "_blank">
<img src = "images/7.jpg"/>
</a>
</div>
<div class = "pic">
<a href = "#" target = "_blank">
<img src = "images/8.jpg"/>
</a>
</div>
<div class = "pic">
<a href = "#" target = "_blank">
<img src = "images/9.jpg"/>
</a>
</div>
<div class = "pic">
<a href = "#" target = "_blank">
<img src = "images/10.jpg"/>
</a>
</div>
<!-- 图片列表 end -->
</DIV>
<DIV class = RightBotton id = RightArr>
</DIV>
</DIV>
<SCRIPT language = javascript type = text/javascript>
<!--//-->
<![CDATA[//>
<!--
var scrollPic_02 = new ScrollPic();
scrollPic_02.scrollContId = "ISL_Cont_1"; //内容容器 ID
scrollPic_02.arrLeftId = "LeftArr";//左箭头 ID
scrollPic_02.arrRightId = "RightArr"; //右箭头 ID
scrollPic_02.frameWidth = 900;//显示框宽度
scrollPic_02.pageWidth = 150; //翻页宽度
```

```
scrollPic_02.speed = 10; //移动速度(单位为毫秒,越小越快)
scrollPic_02.space = 10; //每次移动像素(单位为px,越大越快)
scrollPic_02.autoPlay = true; //自动播放
scrollPic_02.autoPlayTime = 3; //自动播放间隔时间(秒)

scrollPic_02.initialize(); //初始化
//--> <!]]>
</SCRIPT>
</DIV>
<!--滚动图片 end -->
</center>
</body>
</html>
```

(5) 双击保存的网页文件即可看到最终的焦点图广告效果,如图3-97所示。

图3-97

(6) 如果更换图片,需要修改CSS文件和网页文件中相关内容。

①修改CSS文件,根据图片尺寸修改CSS文件中方框里的部分即可:

```
.blk_29 .pic IMG {
        BORDER: #cccccc 1px solid;
        PADDING: 3px;
        DISPLAY: block;
        BACKGROUND: #fff;
        MARGIN: 0px auto;
        height: 148 px;
        width: 213 px;
}
```

②修改HTML文件,根据图片的文件名修改下面方框里的部分即可:

```html
<div class = "pic" >
<a href = "#" target = "_blank" >
<img src = "images/1.jpg" />
</a>
</div>
<div class = "pic" >
<a href = "#" target = "_blank" >
<img src = "images/2.jpg" />
</a>
</div>
<div class = "pic" >
<a href = "#" target = "_blank" >
<img src = "images/3.jpg" />
</a>
</div>
<div class = "pic" >
<a href = "#" target = "_blank" >
<img src = "images/4.jpg" />
</a>
</div>
<div class = "pic" >
<a href = "#" target = "_blank" >
<img src = "images/5.jpg" />
</a>
</div>
<div class = "pic" >
<a href = "#" target = "_blank" >
<img src = "images/6.jpg" />
</a>
</div>
<div class = "pic" >
<a href = "#" target = "_blank" >
<img src = "images/7.jpg" />
</a>
```

```
</div>
<div class="pic">
<a href="#" target="_blank">
<img src="images/8.jpg"/>
</a>
</div>
<div class="pic"><a href="#" target="_blank">
<img src="images/9.jpg"/>
</a>
</div>
<div class="pic"><a href="#" target="_blank">
<img src="images/10.jpg"/>
</a>
</div>
```

案例模拟

【校园网轮播广告】

效果图如图 3-98 所示。

图 3-98

模拟要求如下。
- 图片素材由教师提供，学生需要修改图片的尺寸，以便符合轮播的要求。
- 本轮播广告只是在 3 组图片之间进行切换，切换的形式为向上切换。

制作一个淘宝店的图片轮播广告。

学习情境四

网站页面的设计与制作

任务一 HTML 基本结构标签

【知识目标】

（1）掌握 HTML 基本标签的功能。

（2）掌握标签常用属性设置。

【能力目标】

能利用 HTML 标签在网页中添加网页元素。

【任务实施】

1. HTML 简介

超文本标记语言（Hyper Text Markup Language tag，HTML）是用来描述网页的一种语言。通常，在浏览器上看到的静态网页其实是由 HTML 文件构成的，它可以包含文字、图片、声音、视频、链接、程序等多种元素；可以通过 HTML 文件编辑器（如 Dreamweaver 等）进行编辑，生成的文件以 .html 或 .htm 为扩展名，在浏览器中运行。

2. HTML 文件的基本结构

HTML 文件的基本结构是标记标签，通常称为 HTML 标签，HTML 标签是 HTML 语言中最基本的单位，HTML 标签是 HTML（标准通用标记语言下的一个应用）最重要的组成部分。

HTML 标签的大小写无关，例如"主体" < body > 与 < BODY > 表示的意思是一样的，推荐使用小写。

HTML 标签的特点如下：

（1）由尖括号包围的关键词，如 < html >。

（2）通常是成对出现的，如 < div > 和 </div >。

（3）标签对中的第一个标签是开始标签，第二个标签是结束标签。

（4）开始标签和结束标签也称为开放标签和闭合标签。

（5）也有单独呈现的标签，如 < img src = " 百度百科 . jpg" / > 等。

（6）一般成对出现的标签，其内容在两个标签中间。单独呈现的标签，则在标签属性中赋值，如 < h1 > 标题 </h1 > 和 < input type = "text" value = "按钮"/ >。

（7）网页的内容需在 < html > 标签中，标题、字符格式、语言、兼容性、关键字、描述等信息显示在 < head > 标签中，而网页展示的内容嵌套在 < body > 标签中。某些时候不按标准书写代码虽然可以正常显示，但是作为职业素养，还是应该养成规范编写习惯。

HTML 文件最基本的结构标签有 4 个，即 < html > </html >、< head > </head >、< title > </title >、< body > </body >。

① < html > </html >：表示 HTML 文件的开始与结尾。

② < head > </head >：其中的内容在浏览器中是无法显示的，这里是给服务器、浏览器、链接外部 JS、a 链接 CSS 样式等区域。

③ < title > </title >：放置的是网页标题，在浏览器标题栏中显示。

④ < body > </body >：这里放置的内容可以通过浏览器呈现给用户，这里也是最主要的区域。样例如下：

```
<!DOCTYPE html PUBLIC"-//W3C//DTD XHTML 1.0 Transitional//EN"
"http://www.w3.org/TR/xhtml1/DTD/xhtml1-transltlonal.dtd">
<html xmlns="http://www.w3.org/1999/xhtml">
<head>
<meta http-equiv="Content-Type"content="text/html;charset=utf-8"/>
<title>标题部分-www.divcss5.com</title>
<meta name="keywords"content="关键字"/>
<meta name="description"content="本页描述或关键字描述"/>
</head>
<body>
内容
</body>
</html>
```

3. HTML 常用标签及属性

在 HTML 中，属性是指标签的性质和特性。通常由"属性名"和"值"组成，属性不能脱离标签单独存在，当一个标签中存在多个属性时，要用空格分隔，如 < img src = "a.jpg" width = 80 >。

1) 文字设计标签及属性

在网页中文字往往占据较大篇幅，为了便于排版，并清晰、便捷地显示网页文字的内容和效果，HTML 提供了一系列的文本控制标签及属性，如表 4-1 所示。

表 4-1

标签及属性	作用
< font color = " " size = " " > </font >	设置字体 1~7，设置颜色英文名称或 RGB 的十六进制值
< p align = " " > </p >	设置段落对齐，left（左）、center（中）、right（右）
< hn align = " " > </hn >	设置网页标题文字，n 取值为 1~6；< h1 > 为第一级标题，字号最大、字体最粗；该标签具备换行功能

续表

标签及属性	作用
< b > </b >	文字粗体显示
< i > </i >	文字斜体显示
< u > </u >	文字加下划线
< sup > </sup >	上标
< sub > </sub >	下标

2）图片设计标签及属性

```
< img src = "图片路径" width = "175" height = "47" alt = ""/>
```

（1）Src 后跟图片路径（扩展：css 图片；html 图片）。
（2）width 设置图片宽度（扩展：html 宽度；CSS 宽度）。
（3）height 设置图片高度（扩展：html 高度；CSS 高度）。
（4）alt 设置对这张图片的文字描述，通常设置描述是为了搜索引擎能读懂这张图片所表达的内容（有利于搜索引擎优化因素而使用）。

3）表格设计标签及属性（见表 4-2）

表 4-2

标签及属性	作用
< table > </table >	创建一个表格，常用属性有 width = 宽，border = 边框，cellspacing = 单元格之间的间距，align = 对齐方式
< tr > </tr >	创建表格中的行，常用属性为 align
< td > </td >	创建表格中的列，常用属性为 align，colspan = 合并单元格列数，rowspan = 合并单元格行数

4）超级链接标签及属性

可以完成文件之间的跳转、文件具体位置的跳转、邮件传递、程序参数传递等功能。具体格式如下：

```
< a href = "网址、链接地址" target = "目标" title = "说明" >被链接内容 </a >
```

a 标签内常用属性如下。

①href 值：打开目标地址（网址），一般填写将要转到的目标地址。如 href = "http://www.divcss5.com/"，这样浏览者在网页中单击对应此锚文本，将打开网页 http://www.divcss5.com/。

- 网址，网址一定要加上 http:// + 域名。
- 相对路径，如 href = "/abc/"，代表本站内锚文本。

②target 目标值：打开目标方式。如果 a 标签内没有此元素，默认是在浏览网页中重

新载入对应链接网页。
- _blank：在新窗口中打开链接。
- _parent：在父窗体中打开链接。
- _self：在当前窗体打开链接，此为默认值。
- _top：在当前窗体打开链接，并替换当前的整个窗体（框架页）。

如果 target 不带值，代表在本页父窗体中打开链接。

5）列表标签及属性

为了清晰、有序地显示信息，可以采用列表显示网页内容，如表 4 - 3 所示。

表 4 - 3

标签及属性	作用
< ol > </ol >	创建有序列表（即编号）
< ul > </ul >	创建无序列表（即项目符号）
< li > </li >	表示每个列表项，在 < ol > 或 < ul > 之内，不能单独使用

案例：应用 HTML 常用标签设计图 4 - 1 所示页面。

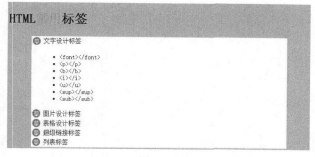

图 4 - 1

代码如下：

```
<body >
<tablewidth = "770" border = "0" align = "center" bgcolor = "#aee40f" >
<tr >
<td > <h1 >HTML <font color = "#FF9933" >常用 </font >标签 </h1 > </td >
</tr >
```

```html
<tr>
<td align="center">
<table width="85%" border="0" align="center" bgcolor="#FFFFFF">
<tr>
<td width="4%" valign="top">
<img src="img/tubiao.jpg" width="20" height="20"/>
</td>
<td width="96%" height="22" align="left" valign="top">文字设计标签</td>
</tr>
<tr>
<td height="20"> </td>
<td><ul>
<li>&lt;font&gt;&lt;/font&gt;</li>
<li>&lt;p&gt;&lt;/p&gt;</li>
<li>&lt;b&gt;&lt;/b&gt;</li>
<li>&lt;i&gt;&lt;/i&gt;</li>
<li>&lt;u&gt;&lt;/u&gt;</li>
<li>&lt;sup&gt;&lt;/sup&gt;</li>
<li>&lt;sub&gt;&lt;/sub&gt;</li>
</ul></td>
```

```
</tr>

<tr>

<td><imgsrc="img/tubiao.jpg" alt="" width="20" height="20"/></td>

<tdheight="20" align="left">图片设计标签</td>

</tr>

<tr>

<td><imgsrc="img/tubiao.jpg" alt="" width="20" height="20"/></td>

<td>表格设计标签</td>

</tr>

<tr>

<td><imgsrc="img/tubiao.jpg" alt="" width="20" height="20"/></td>

<td>超级链接标签</td>

</tr>

<tr>

<td><imgsrc="img/tubiao.jpg" alt="" width="20" height="20"/></td>

<td>列表标签</td>
```

```
</tr>

</table></td>

</tr>




</table>

</body>
```

任务二　CSS 常用语法规则

【知识目标】

(1) 掌握 CSS 语法规则。
(2) 掌握 CSS 文件的建立及应用。
(3) 掌握 CSS 常用属性。

【能力目标】

(1) 能建立 CSS 文件并应用。
(2) 能为网页设置 CSS 属性。

【任务实施】

1. CSS 简介

CSS（Cascading Style Sheets，样式表）又称为"CSS 样式表"。通俗地讲，CSS 是由控制网页中内容的颜色、字体、文字大小、宽度、边框、背景、浮动等组成的各式各样、花样百出的网页样式的统称（参见《CSS 手册》可了解更多控制样式属性），如大学是什么？简单来讲，大学里有计算机、教师、物理、化学、英语等专业系、院。

认识了 CSS 原理，相当于找到了 CSS 的学习入口，从而进入 CSS 世界。

CSS 原理模型例子。众所周知，使用对讲机的双方进行通话时，必须要在一定距离内（对讲机信号覆盖区），CSS 也一样，要使 CSS 生效必须引入要正确（推荐 style 和 link，内嵌 CSS 代码和引入 CSS 文件两种方式引入 CSS）；对讲双方除了在信号范围内才能通话外，还有也是最重要的就是双方频道频率（调频频率）要相同，CSS 也是这样，要想使 CSS 生效就需要在 CSS 代码中的 CSS 选择器命名要与 HTML 中 class 值或 id 值引用的 CSS 选择器命名相同。这样 CSS 选择器命名与 HTML 应用 CSS 类（class）值名相同后，这个 CSS 选择器里写的属性，HTML 对应部分网页内容样式就随着 CSS 选择器里设置的属性样式而变化。

HTML 与 CSS 本身是一个整体，缺一不可，要实现 CSS 代码表达的样式就需要在 HTML 中将 class 或 id 的值与 CSS 选择器命名的名称相同。

2. CSS 语法规则

1）CSS 语法格式

CSS 规则由两个主要部分构成，即选择器和一条或多条声明：

```
selector {property: value}
```

①选择器通常是需要改变样式的 HTML 元素。

②每条声明由一个属性和一个值组成。

③属性（property）是希望设置的样式属性（style attribute）。每个属性有一个值。属性和值用冒号隔开。

下面这行代码的作用是将 h1 元素内的文字颜色定义为红色，同时将字体大小设置为 14 像素：

```
h1 {color:red; font-size:14px;}
```

在这个例子中，h1 是选择器，color 和 font-size 是属性，red 和 14 px 是值。

图 4-2 展示了上面这段代码的结构。

2）CSS 样式面板

在 Dreamweaver 中，"CSS 样式"面板是新建、编辑、管理 CSS 的主要工具。选择"窗口"→"CSS 样式"菜单命令，可以打开或关闭"CSS 样式"面板。

图 4-2

在未定义 CSS 样式之前，面板内容是空的，建立后才能显示内容，如图 4-3 所示。

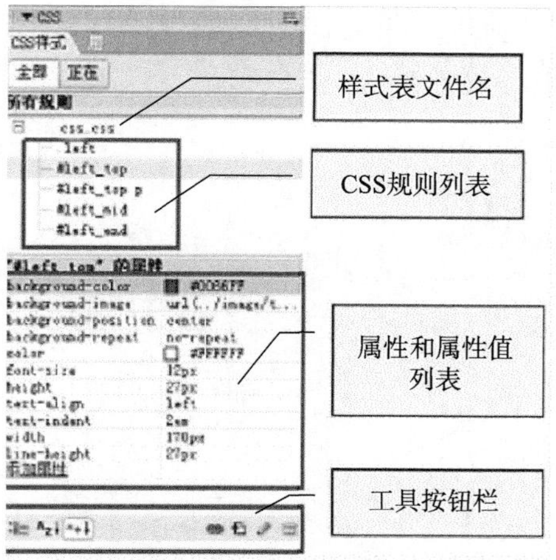

图 4-3

3）CSS 规则定义的位置

在"CSS 样式"面板中，单击"新建 CSS 规则"按钮，会弹出"新建 CSS 规则"对话框，可以设置规则存在的位置，如图 4-4 所示。

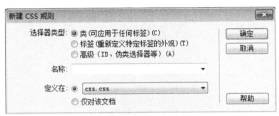

图 4-4

（1）仅限该文档。此选项将把设定的样式放在当前文件的头文件中，在标签 < head > </head > 里用 < style > </style > 包含。例如：

```
< style type ="text/css">
h1{color:red;}
h2{color:blue;}
</style>
```

（2）新建样式表文件。将样式存入一个样式文件里，这个文件可以被多个网页使用。在使用之前，要在头文件中用 < link > 引用，格式如下：

```
< head >
< link type = "text/css"  href = "/html/csstest.css" >
</head >
```

4）CSS 选择器类型

在 Dreamweaver CS6 中，提供了 4 种 CSS 选择器类型，即类选择器、id 选择器、标签选择器、复合选择器。

（1）类选择器。该选择器可以单独使用，也可以与其他元素结合使用。为了将类选择器的样式与元素关联，必须将 class 指定为一个适当的值。选择器名称以"."开头。

案例：类选择器的应用。其代码如下：

```
< html >

< head >

< style type = "text/css" >

.test{font:"宋体";color:#FF0000;}
```

```
</style>
</head>
<body>
<p class = "test">现在应用了类选择器来修饰</p>
<p>没有应用任何选择器修饰</p>
</body>
</html>
```

(2) id 选择器。id 选择器可以为标有特定 id 的 HTML 元素指定特定的样式。id 选择器以"#" 来定义。在网页中 id 的名称是唯一的。

下面的两个 id 选择器，第一个可以定义元素的颜色为红色，第二个定义元素的颜色为绿色：

```
#red{color:red;}
#green{color:green;}
```

(3) 标签选择器。可以为拥有指定属性的 HTML 元素设置样式，而不仅限于 class 和 id 属性。

案例：标签选择器的应用。其代码如下：

```
<html>
<head>
<style type = "text/css">
p{font:"宋体"; color:#FF0000;}
</style>
</head>
<body>
```

```
<p>现在表现的是标签选择器</p>

<p>我也用的是标签选择器</p>

</body>

</html>
```

(4) 复合选择器。根据选择的内容,可以将类选择器、id 选择器、标签选择器综合应用。

5) HTML 中引用 CSS 的方法

样式的声明可以在 4 个位置完成,其优先级依次如下。

(1) 内联样式(在 HTML 元素内部),优先级最高。

直接在 HTML 标记内,插入 sytle 属性,再定义要显示的样式,这是最简单的样式定义方法。不过,利用这种方法定义样式时,效果只可以控制该标记,其语法格式如下:

```
<标记名称 style = "样式属性:属性值;样式属性:属性值">
```

举例如下:

```
<body style = "color:#FF0000;font-family:"宋体";cursor:url(3151.ani);">
```

(2) 内部样式表(位于 <head> 标签内部)。

<style type = "text/css"> 内部样式表是把样式表放到页面的 <head> 区里,这些定义的样式就应用到页面中了,样式表是用 <style> 标记插入的:

```
<head>
...
<style type = "text/css">
<!--
hr {color: sienna}
p {margin-left: 20px}
body {background-image: url("images/back40.gif")}
-->
</style>
......
</head>
```

<style> 元素是用来说明所要定义的样式。type 属性是指定 style 元素以 CSS 的语法定义。有些低版本的浏览器不能识别 style 标记,这意味着低版本的浏览器会忽略 style

标记里的内容，并把 style 标记里的内容以文本直接显示到页面上。为了避免这种情况的发生，用加 HTML 注释的方式 <!-- 注释 --> 隐藏内容而不让它显示。

（3）外部样式表。

```
<link href="样式表地址" rel="stylesheet" type="text/css"/>
```

（4）浏览器默认设置。

推荐统一使用外部样式表。

3. CSS 常用属性

从 CSS 规则定义对话框中可以看到 CSS 样式的 9 个分类，常用的有 7 个。

1）"类型"属性（见图 4-5）

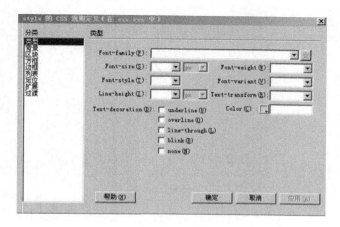

图 4-5

"类型"选项卡主要设置字体和类型设置，主要参数设置如下。

（1）Font - family：定义文本的字体系列。如：p{font - family: Times, TimesNR, 'New Century Schoolbook', Georgia, 'New York', serif;}

表示从第一个字体开始匹配，如果不存在则顺序向下匹配。

（2）Font - style：最常用于规定斜体文本。

该属性有 3 个值：normal—文本正常显示；italic—文本斜体显示；oblique—文本倾斜显示。

（3）Font - weight：设置文本的粗细。

使用 bold 关键字可以将文本设置为粗体。取值有 number（100~900）、lighter（细体）、bord（粗体）、border（特粗体）。关键字 100~900 为字体指定了 9 级加粗度。如果一个字体内置了这些加粗级别，那么这些数字就直接映射到预定义的级别，100 对应最细的字体变形，900 对应最粗的字体变形。数字 400 等价于 normal，而 700 等价于 bold。

①Font - size：设置字体的尺寸。

②Line - height：设置行高。

③Text – transform：控制文本的大小写。

④Color：规定文本的颜色。

⑤Text – decoration：规定添加到文本的修饰。None 为默认，定义标准的文本；Underline 定义文本下的一条线；Overline 定义文本上的一条线；line – through 定义穿过文本下的一条线；Blink 定义闪烁的文本；Inherit 规定应该从父元素继承 text – decoration 属性的值。

2)"背景"属性（见图 4 – 6）

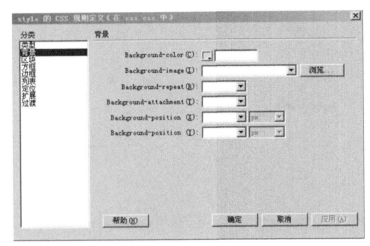

图 4 – 6

"背景"选项卡，可以定义背景样式及属性，主要参数设置如下。

①Background：在一个声明中设置所有的背景属性。

②Background – attachment：设置背景图像是否固定或者随着页面的其余部分滚动。

③Background – color：设置元素的背景颜色。

④Background – image：设置元素的背景图像。

⑤Background – position：设置背景图像的开始位置。

⑥Background – repeat：设置是否及如何重复背景图像。

⑦Background – clip：规定背景的绘制区域。

⑧Background – origin：规定背景图片的定位区域。

⑨Background – size：规定背景图片的尺寸。

3)"区块"属性（见图 4 – 7）

"区块"选项卡，可以定义标签和属性的间距和对齐设置，具体参数及设置如下。

①Word – spacing：设置单词间距。

②Letter – spacing：设置字符间距。

③Text – align：规定文本的水平对齐方式。

④Text – indent：规定文本块首行的缩进。

⑤White – space：规定如何处理元素中的空白。

图 4 – 7

⑥Vertical – align：设置元素的垂直对齐方式。
⑦Display：规定元素应该生成的框类型。
4）"方框"属性（见图 4 – 8）

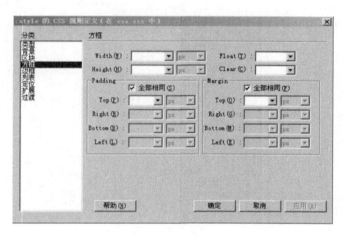

图 4 – 8

"方框"选项卡，控制元素在页面上的位置，具体参数及设置如下。
①Width：设置元素的宽度。
②Height：设置元素的高度。
③Float：规定框是否应该浮动。
④Clear：规定元素的哪一侧不允许其他浮动元素。
⑤Padding：在一个声明中设置所有内边距属性。
⑥Margin：在一个声明中设置所有外边距属性。
5）"边框"属性（见图 4 – 9）
"边框"选项卡，用来定义边框的样式、颜色、宽度等信息，具体参数及设置如下。
①Style：设置边框样式。

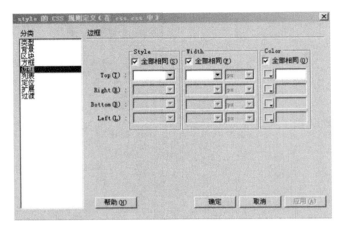

图 4-9

②Width：设置边框宽度。

③Color：设置边框颜色。

6)"列表"属性（见图 4-10）

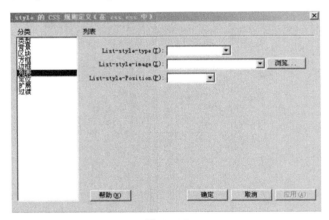

图 4-10

"列表"选项卡，定义列表的类型、图案、位置等信息，具体参数及设置如下。

①List – style：在一个声明中设置所有的列表属性。

②List – style – image：将图像设置为列表项标记。

③List – style – position：设置列表项标记的放置位置。

④List – style – type：设置列表项标记的类型。

7)"定位"属性（见图 4-11）

"定位"选项卡，设置元素的定位，控制其在浏览器文档窗口中的位置，具体参数及设置如下。

①Position：规定元素的定位类型。

②Visibility：规定元素是否可见。

③Z – Index：设置元素的堆叠顺序。

④Overflow：规定当内容溢出元素框时发生的事情。

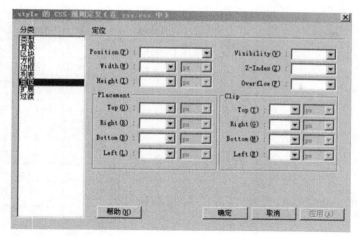

图 4－11

⑤Placement：设置对象定位层的位置。

⑥Clip：剪裁绝对定位元素。

8)"扩展"属性（见图 4－12）

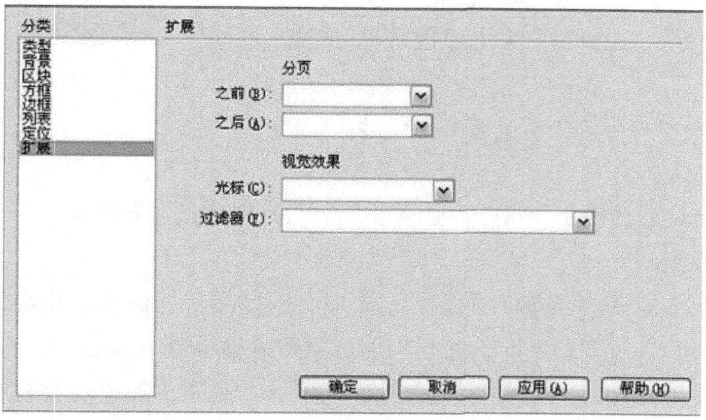

图 4－12

"扩展"样式属性包括"过滤器""分页"和"光标"选项，它们中的大部分效果仅受 Internet Explorer 4.0 和更高版本的支持。

（1）分页：在打印期间，在样式所控制的对象之前或者之后强行分页。选择要在弹出式菜单中设置的选项。此选项不受任何 4.0 版本浏览器的支持，但可能受未来浏览器的支持。

（2）光标：位于"视觉效果"下的"光标"选项，是光标显示属性设置。当指针位于样式所控制的对象上时改变指针图像。

（3）过滤器：又称 CSS 滤镜，对样式所控制的对象应用特殊效果。它把我们带入绚丽多姿的世界。正是有了滤镜属性，页面才变得更加漂亮。从"过滤器"下拉列表框中选择一种效果，并视具体要求加以设置。各种 CSS 滤镜属性的详细介绍可从导航条单击"滤镜属性"按钮浏览，如图 4－13 所示。

9)"过渡"属性

要想创建 CSS 3 过渡效果,可通过为元素的过渡效果属性指定值来创建过渡效果类。如果在创建过渡效果类之前选择元素,则过渡效果类会自动应用于选定的元素。

①Transition:简写属性,用于在一个属性中设置 4 个过渡属性。

②Transition – property:规定应用过渡的 CSS 属性的名称。

③Transition – duration:定义过渡效果花费的时间。

④Transition – timing – function:规定过渡效果的时间曲线。

⑤Transition – delay:规定过渡效果何时开始。

滤镜	说明
Alpha	透明的渐进效果
BlendTrans	淡入淡出效果
Blur	风吹模糊的效果
Chroma	指定颜色透明
DropShadow	阴影效果
FlipH	水平翻转
FlipV	垂直翻转
Glow	边缘光晕效果
Gray	彩色图片变灰度图
Invert	底片的翻转
Light	模拟光源翻转
Mask	矩形遮罩翻转
RevealTrans	动态效果
Shadow	轮廓阴影效果
Wave	波浪扭曲变形效果
Xray	X光照片效果

图 4 – 13

(1)创建并应用 CSS 3 过渡效果,步骤如下。

①(可选)选择想要应用过渡效果的元素(段落、标题等);或者,也可以创建过渡效果并稍后将其应用到元素。

②选择"窗口"→"CSS 过渡效果"菜单命令。

③单击 ✚ 按钮。

④使用"新建过渡效果"对话框中的"选项"创建过渡效果类。

(2)目标规则。

①输入选择器名称。选择器可以是任意 CSS 选择器,如标签、规则、ID 或复合选择器。例如,如果想要为所有 < hr > 标签添加过渡效果,需输入 hr。

②过渡效果开启。选择要应用过渡效果的状态。例如,如果想要在光标移至元素上时应用过渡效果,可使用"悬停"选项。

③对所有属性使用相同的过渡效果。如果希望为要过渡的所有 CSS 属性指定相同的"持续时间""延迟"和"计时功能",可选择此选项。

④对每个属性使用不同的过渡效果。如果希望为要过渡的每个 CSS 属性指定不同的"持续时间""延迟"和"计时功能",可选择此选项。

⑤属性。单击 ✚ 按钮以向过渡效果添加 CSS 属性。

⑥持续时间。以秒(s)或毫秒(ms)为单位输入过渡效果的持续时间。

⑦延迟。时间,以秒或毫秒为单位,指在过渡效果开始之前。

⑧计时功能。从可用选项中选择过渡效果样式。

⑨结束值。过渡效果的结果值。例如,如果想要字体大小在过渡效果的结尾增加到 40 像素,可为字体大小属性指定 40 像素。

⑩选择过渡的创建位置。若要在当前文档中嵌入样式,可选择"仅对该文档"。

如果希望为 CSS 3 代码创建外部样式表，可选择"新建样式表文件"。单击"创建过渡效果"后，系统会提供一个位置来保存新的 CSS 文件。在创建样式表之后，它将被添加到"选择过渡的创建位置"菜单中。

任务三　DIV + CSS 布局

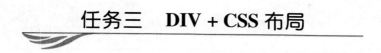

【知识目标】

（1）了解并掌握 CSS "盒模式"概念。

（2）了解常用的 DIV + CSS 布局模式。

【能力目标】

能利用 DIV + CSS 进行网站首页的布局设计。

【任务实施】

1. 盒模型基础

盒模型，顾名思义，就是一个盒子。生活中的盒子，有长、宽、高，盒子本身也有厚度，可以用来装东西。页面上的盒模型可以理解为，从盒子顶部俯视所得的一个平面图，盒子里装的东西相当于盒模型的内容（content）；东西与盒子之间的空隙，理解为盒模型的内边距（padding）；盒子本身的厚度就是盒模型的边框（border）；盒子外与其他盒子之间的间隔，就是盒子的外边距（margin）。

元素的外边距、边框、内边距、内容就构成了 CSS 盒模型，如图 4-14 所示。

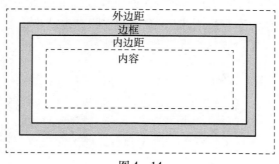

图 4-14

CSS 盒模型分为 IE 盒模型（见图 4-15）和 W3C 盒模型（见图 4-16）。其实，IE 盒模型是怪异模式（Quirks Mode）下的盒模型，而 W3C 盒模型是标准模式（Standards Mode）下的盒模型。

IE 6 及其更高的版本，还有现在所有标准的浏览器都遵循的是 W3C 盒模型，IE 6 以下版本的浏览器遵循的是 IE 盒模型。

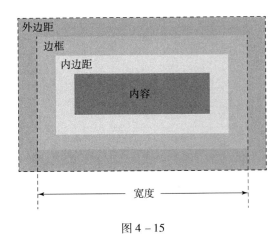
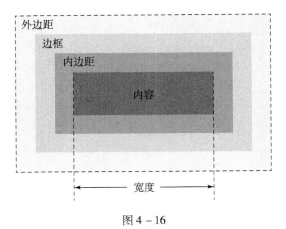

图 4-15　　　　　　　　　　　　　　　图 4-16

一个盒子的实际宽度在 IE 盒模型下是由内容 + 内边距 + 边框 + 外边距组成的。即盒子的实际宽度 = 左边距 + 左边框 + 左填充 + 内容宽度 + 右填充 + 右边框 + 右边距。盒子的实际高度 = 上边距 + 上边框 + 上填充 + 内容高度 + 下填充 + 下边框 + 下边距。W3C 盒模型只是内容的宽、高。

盒模型一般只对块模型起作用，在 HTML 中块标记为 < div > ，因此，盒模型布局是由 DIV + CSS 共同完成的。

2. 浮动和定位

1）CSS 相对定位

相对定位是一个非常容易掌握的概念。如果对一个元素进行相对定位，它将出现在它所在的位置上。然后，可以通过设置垂直或水平位置，让这个元素"相对于"它的起点进行移动。

如果将 top 设置为 20 像素，那么框将在原位置顶部下面 20 像素的地方。如果 left 设置为 30 像素，那么会在元素左边创建 30 像素的空间，也就是将元素向右移动。

```
#box_relative {
    position: relative;
    left: 30px;
    top: 20px;
}
```

相对定位如图 4-17 所示。

注意，在使用相对定位时，无论是否进行移动，元素仍然占据原来的空间。因此，移动元素会导致它覆盖其他框。

那么怎么让框 3 把框 2 覆盖呢？一般我们会很自然地想到把框 3 的 z - index 设置为一个优先级高的值，如 100，但是这样并不能得到想要的结果，必须把框 2 的 z - index 设置为优先级低的，如 -1，因为框 2 已经脱离了文档流，所以只设置框 3 的 z - index 对框 2 起不到作用，所以只能对框 2 操作了。大家也可以去试试在 IE7 下输入

以下代码:

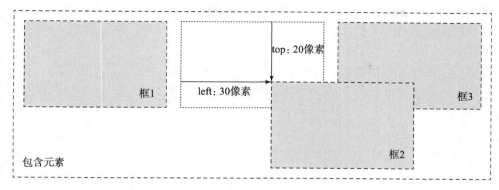

图 4-17

```
<html>
<head runat="server">
<title>Untitled Page</title>
<style type="text/css">
span
{
background-color: Red;
width: 30px;
height: 30px;
}
#box_relative
{
position: relative;
left: 10px;
top: 10px; background-color: gray;z-index:-1;
}
</style>
</head>
<body>
<span></span>
<span id="box_relative"></span>
<span style="z-index:30"></span>
</body>
</html>
```

2) CSS 绝对定位

绝对定位使元素的位置与文档流无关，因此不占据空间。这一点与相对定位不同，相对定位实际上被看作是普通流定位模型的一部分，因为元素的位置是相对于它在普通流中的位置。

普通流中其他元素的布局就像绝对定位的元素不存在一样：

```
#box_relative {
    position: absolute;
    left: 30px;
    top: 20px;
}
```

绝对定位如图 4-18 所示：

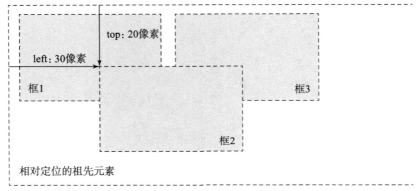

图 4-18

绝对定位元素的位置相对于最近的已定位祖先元素，如果元素没有已定位的祖先元素，那么它的位置相对于最初的包含块。

对于定位的主要问题是要记住每种定位的意义。所以，现在就来复习一下学过的知识吧！相对定位是"相对于"元素在文档中的初始位置，而绝对定位是"相对于"最近的已定位祖先元素，如果不存在已定位的祖先元素，那么"相对于"最初的包含块。

注释：根据用户代理的不同，最初的包含块可能是画布或 HTML 元素。

提示：因为绝对定位的框与文档流无关，所以它们可以覆盖页面上的其他元素，可以通过设置 z-index 属性来控制这些框的堆放次序。

同理，如果想让框 1、3 在框 2 之上，那么也需要在框 2 上设置 z-index，而且如果只在框 1、3 上设置则无效。大家也可以去试试在 IET 下输入以下代码：

```
<html>
<head runat = "server">
```

```
<title>Untitled Page</title>
<style type = "text/css">
span
{
background-color: Red;
width: 30px;
height: 30px;
}
#box_relative
{
position: absolute;
left: 20px;
top: 20px; background-color: gray;
}
</style>
</head>
<body>
<span style = "z-index:30"></span><span id = "box_relative">
</span><span style = "z-index:30"></span>
</body>
</html>
```

3) CSS 浮动

当把框 1 向右浮动时,它脱离文档流并且向右移动,直到它的右边缘碰到包含框的右边缘,如图 4-19 所示。

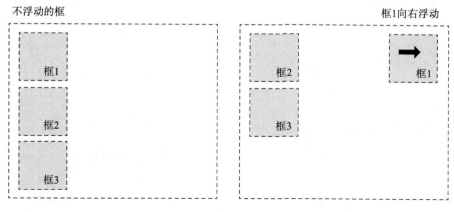

图 4-19

当框 1 向左浮动时,它脱离文档流并且向左移动,直到它的左边缘碰到包含框的左边缘。因为它不再处于文档流中,所以它不占据空间,实际上覆盖住了框2,使框2从视图中消失。

如果把3个框都向左移动,那么框1向左浮动直到碰到包含框,另外两个框向左浮动直到碰到前一个浮动框。如图4-20所示。

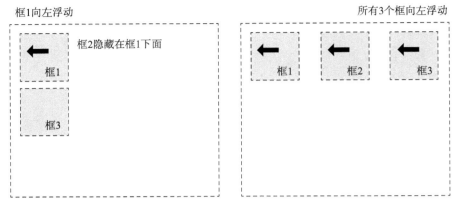

图4-20

如果包含框太窄,无法容纳水平排列的3个浮动元素,那么其他浮动块向下移动,直到有足够的空间。如果浮动元素的高度不同,那么当它们向下移动时可能被其他浮动元素"卡住",如图4-21所示。

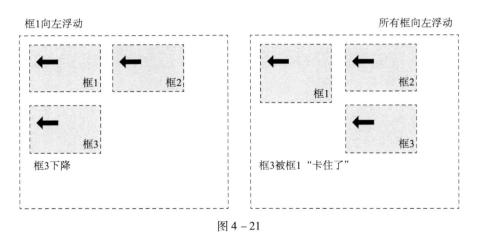

图4-21

4) CSS float 属性

在 CSS 中,通过 float 属性可实现元素的浮动。

如需更多有关 float 属性的知识,可参见参考手册中的 CSS float 属性。

5) 行框和清理

浮动框旁边的行框被缩短,从而给浮动框留出空间,使行框围绕浮动框。

因此,创建浮动框可以使文本围绕图像,如图4-22所示。

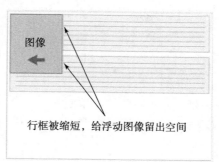

图 4 – 22

要想阻止行框围绕浮动框,需要对该框应用 clear 属性。clear 属性的值可以是 left、right、both 或 none,它表示框的哪些边不应该挨着浮动框。

为了实现这种效果,在被清理元素的上外边距上添加足够的空间,使元素的顶边缘垂直下降到浮动框下面,如图 4 – 23 所示。

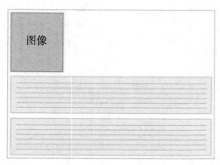
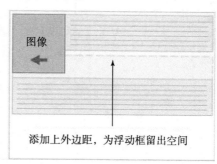

图 4 – 23

这是一个有用的工具,它让周围的元素为浮动元素留出空间。

让我们更详细地看看浮动和清理。假设希望让一个图片浮动到文本块的左边,并且希望这幅图片和文本包含在另一个具有背景颜色和边框的元素中。可编写下面的代码:

```
.news {
  background-color: gray;
  border: solid 1px black;
}

.news img {
  float: left;
}
```

```
.news p {
  float: right;
  }

<div class = "news">
<img src = "news-pic.jpg"/>
<p>some text</p>
</div>
```

这种情况下，会出现一个问题，因为浮动元素脱离了文档流，所以包围图片和文本的 div 标签不占据空间。

如何让包围元素在视觉上包围浮动元素呢？需要在该元素 CSS 方框样式中设置清除浮动 clear，如图 4-24 所示。

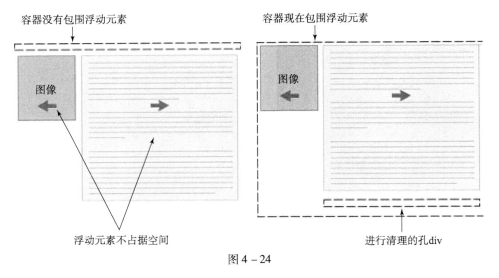

图 4-24

不幸的是出现了一个新的问题，由于没有现有的元素可以应用清理（clear），所以只能添加一个空元素并且清理它。

```
.news {
  background-color: gray;
  border: solid 1px black;
  }

.news img {
  float: left;
  }
```

```css
.news p {
  float: right;
  }

.clear {
  clear: both;
  }
```

```html
<div class = "news">
<img src = "news-pic.jpg"/>
<p>some text</p>
<div class = "clear"></div>
</div>
```

这样可以实现希望的效果，但是需要添加多余的代码。常常有元素可以应用 clear，但是有时不得不为了进行布局而添加无意义的标记。

不过还有另一种办法，那就是对容器 div 进行浮动：

```css
.news {
  background-color: gray;
  border: solid 1px black;
  float: left;
  }

.news img {
  float: left;
  }

.news p {
  float: right;
  }
```

```html
<div class = "news">
<img src = "news-pic.jpg"/>
<p>some text</p>
</div>
```

这样会得到希望的效果。不幸的是，下一个元素会受到这个浮动元素的影响。为了解决这个问题，有些人选择对布局中的所有东西进行浮动，然后使用适当的有意义的元素(常常是站点的页脚)对这些浮动元素进行清理。这有助于减少或消除不必要的标记。

3. DIV + CSS 布局

DIV + CSS 是网页布局的一种形式。DIV 是网页中的"块",块相当于一个容器,网页中的元素放置在不同的块里。CSS 设置块的样式、位置等,从而达到网页布局的效果。

DIV + CSS 布局的基本步骤如下。

①将页面用 DIV 分块。注意彼此间的嵌套关系。

②通过 CSS 设计各个块的位置和大小,以及相互之间的关系。

③在网页的各大块中插入元素需要的小区块。

下面以图 4 – 25 为例具体说明 DIV + CSS 的布局过程。

案例:参照图 4 – 25 所示布局制作网页效果。

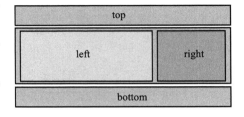

图 4 – 25

(1) 将页面用 DIV 分块,先用 3 个分成上、中、下,再在中间的 DIV 中嵌入两个。每个 DIV 要定义 ID 号,以作为该块的唯一标识。

代码如下:

```
<body>
<div id="top">top</div>
<div id="main">
   <div id="left">left</div>
   <div id="right">right</div>
</div>
<div id="bottom">bottom</div>

</body>
```

(2) 通过 CSS 设计各块的位置和大小及相互关系,代码如下:

```
<style type="text/css">
#top{
height:30px;
width:500px;
background-color:#ccffcc;
margin:5px auto;
/*设置该网页居中显示,左右边界设置为auto,实现屏幕自适应*/
}
```

```css
#main {
height: 300px;
width: 500px;
margin: 5px auto;
margin-right: auto;
}

#left {
background-color: #ffff99;
height: 280px;
width: 200px;
float: left;
margin-left: 10px;
margin-top: 10px;
}
#right {
background-color: #ffcc99;
width: 260px;
float: right;
height: 280px;
margin-top: 10px;
margin-right: 10px;
}
#bottom {
background-color: #ccffcc;
margin: 5px auto;
height: 30px;
width: 500px;
}
</style>
```

(3) 在网页的各大 DIV 块中插入各个栏目框的小区块。

此例中，可用顶部 top 块插入网页的头信息，如网站标志、名称、广告等；right 块相对窄些，可插入导航条；left 块插入网页主体内容；bottom 块插入网页尾信息，如版权信息等。

4. DIV + CSS 布局通用网页结构

通常的页面布局包含以下几个部分，即头部、主体、底部。在主体中可分为左、右两栏或左中右结构，也可再分成几个大的上中下区域，可依据网站主体内容多少而定，如图 4-26 所示。

（1）Body：表示网页在浏览器中所见的所有区域。

（2）Container：表示页面显示的区域。

（3）Header：表示页面头部区域。

（4）PageBody：表示页面主体区域。

①SideBar：侧边栏区域。

②MainBody：主体区域。

（5）Footer：页面底部区域。

网页的布局有一个基本型（上下、上中下、左右、左中右），通过基本型可以扩展出更多的布局形式。通过增加区块、通过不同的区块比例

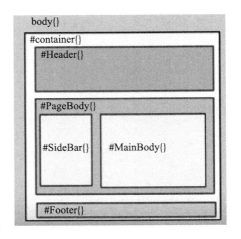

图 4-26

关系，来产生不同的布局应用。而布局绝对影响网站的整体效果，而最重要的因素就在于布局这些区块的比例上。左右布局假如是平分的，很显然就不明重心，而通常的做法是一边大一边小，而这个大小的比例一般不超过 1∶3，且一般是在 1∶1.5~1∶3 之间。在内容页的布局中比例一般都比较大，为的就是让内容阅读更容易，但是内容的宽度也应该有一个度，不能很宽，一般以 25~30 个汉字或是 40~45 个字母比较合适。过宽或是过窄都会让阅读者产生视觉疲惫。假如是左中右的结构，那么这个比例关系就更为有意思，在大布局中一般不会采用三等分的布局，而在小布局中会经常用到，用等宽来表示内容是同级的或是相似的。那么在大布局中，随着 1 024 分辨率的普及，左中右结构也可以扩展成为四栏甚至五栏。在多栏的布局中，可以使用一个大栏、2~3 个同宽小栏的布局方式，这里的同宽小栏的总宽要可以比大栏的宽度大一点或是小一点或是等宽。当然也会有一些其他的布局比例，大家可以在具体的形式上通过实践自行调整并感觉一下。让我们来浏览以下其他的布局结构，如图 4-27 和图 4-28 所示。

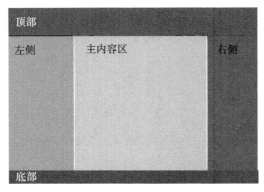

图 4-27

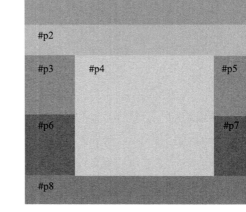

图 4-28

5. 布局种类

网页的布局可分为固定宽度布局和可变宽度布局。固定宽度布局是指网页的宽度是固定的，如 1 000 像素，它不会随着浏览器的大小而改变；可变宽度是指可随着浏览器窗口的大小发生变化，如 80%，它表示宽度占浏览器的 80% 像素。

在可变宽度布局中常用到以下 3 种变化。

（1）两列（或多列）等比例变化。宽度按百分比等比例分配，如两分可设为 50%。

（2）单列可变宽布局（浮动法）。例如，左右两分布局中，窄的一边一般设置导航条信息，宽度可设为固定，另一边为主体，可设为可变。

（3）中间列可变宽布局。左中右结构，左、右可设固定，中间主体设为可变。

任务四　创建二级页面模板

【知识目标】

（1）掌握 Dreamweaver 模板的创建与使用。

（2）创建可编辑区域。

【能力目标】

能利用模板创建网站的二级页面。

【任务实施】

网站的设计，要求首页与子页风格统一。同一类网页通常都会采用相同的版式、导航条、页脚版面等信息的设计，如果逐页制作会产生大量的重复工作，因此 Dreamweaver 提供了模板工具，使相同的内容固定下来，只编辑不同的区域即可，这样就避免了重复工作，提高了网页制作的效率。

1. 创建模板

1）创建空模板

执行"文件"→"新建"菜单命令，在"新建文档"中选择"空模板"→"HTML 模板"→"无"选项，单击"创建"按钮即可，如图 4－29 所示。

2）基于现有网页创建模板

打开编辑好的网页，选择"文件"→"另存为模板"菜单命令，在弹出的"另存模板"对话框中的"站点"下拉列表框中找到该网站的站点，在"另存为"文本框中输入模板名称，单击"保存"按钮，如图 4－30 所示。

在"要更新链接吗？"提示对话框中单击"是"按钮。当前网页会被转换成模板，同时系统将自动在所选择站点的根目录下创建"Templates"文件夹，并将创建的模板文件保存在该文件夹下。

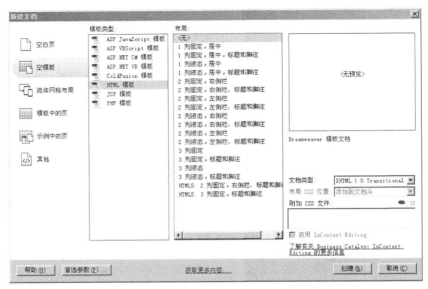

图 4-29

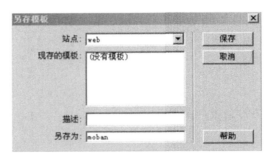

图 4-30

2. 创建可编辑区域

在由模板创建的网页中，只能在可编辑区域修改内容。创建可编辑区域的步骤如下。

（1）打开模板网页，将光标定位在需要创建可编辑区的位置。
（2）选择"插入"→"模板对象"→"可编辑区域"菜单命令。
（3）打开"可编辑区域"对话框。
（4）在"名称"文本框中输入编辑区的名称。
（5）单击"确定"按钮完成创建，创建后可编辑区域为绿色框线区域。

3. 应用模板

模板创建后，可应用模板创建网页。

（1）执行"文件"→"新建"菜单命令，在"新建文档"→"模板中的页"中选择想使用的模板，单击"创建"按钮。
（2）执行"文件"→"保存"菜单命令将该网页存放到相应目录下即可。

（3）将已有网页应用模板。

（4）打开要应用模板的网页文件。

（5）选择"修改"→"模板"→"应用模板到页"菜单命令，或在"资源面板"中选择要应用的模板，单击"应用"按钮即可。

4. 更新模板

对网页模板进行更新后，可以使使用该模板创建的网页自动更新，是网页更新比较快的捷径。

（1）打开网页模板文档，进行修改后保存。

（2）选择"修改"→"模板"→"更新页面"菜单命令，如图 4 – 31 所示。

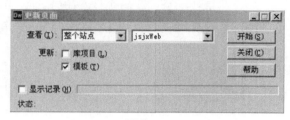

图 4 – 31

（3）在"更新页面"对话框中勾选"显示记录"复选框，在其下方"状态"列表框中将会显示检查文件数、更新文件数等详细的更新信息。

（4）在"更新页面"对话框"查看"下拉列表框中，如果选择"整个站点"选项，单击"开始"按钮，则会对基于模板创建的网页全部进行更新。

参考文献

[1] 倪洋. 网页设计——中国高等院校视觉传达设计精品教材［M］. 上海：上海人民美术出版社，2016.
[2] 吕菲. 网络广告设计与制作［M］. 北京：北京理工大学出版社，2013.
[3] 黄玮雯. 网页界面设计［M］. 北京：人民邮电出版社，2013.
[4] 崔建成. 网页美工［M］. 北京：电子工业出版社，2014.
[5] 陈彦，张亚静. 网页设计与制作项目化实战教程［M］. 北京：人民邮电出版社，2016.
[6] 黄玉春. DIV+CSS 网页布局技术教程［M］. 北京：清华大学出版社，2018.
[7] 高家鋆. Flash 网页动画设计与制作［M］. 北京：清华大学出版社，2017.